有机与高分子化学实验

郑春满　李德湛　盘毅　编著

国防工业出版社

·北京·

内 容 简 介

　　本教材是配合"有机化学"、"高分子化学"、"高分子物理"等课程教学的实验用书。全书分为三篇9个章节,其中有机化学篇包括有机化学实验的基础知识、基本操作技术与实验技能、有机化合物物理常数的测定、有机化合物的合成实验和天然有机物的提取与分离实验;高分子化学及物理实验篇包括高分子化学及物理实验的基础知识、高分子化学实验和高分子物理实验;同时,根据培养学生创新和设计能力的要求,精选了6个综合性和设计性的实验,包括未知有机化合物的鉴别、混合物的分离、成分鉴定、合成条件研究等。每个实验包括要求、提示、说明、思考题等几部分内容。附录中列出一些单体、聚合物和溶剂的物理常数,还包括其他常用的数据。

　　本书简明易懂,实用性强,可作为理工科院校"化学"、"材料科学与工程"、"生物学"、"环境科学"等专业及其他相关专业的本科生系列实验教学用书,也可供有关的研究生、教师等参阅。

图书在版编目(CIP)数据

有机与高分子化学实验/郑春满,李德湛,盘毅编著.
—北京:国防工业出版社,2014.5
ISBN 978-7-118-09402-2

Ⅰ.①有…　Ⅱ.①郑…②李…③盘…　Ⅲ.①有机化学 – 化学实验 ②高分子化学 – 化学实验　Ⅳ.①O62 – 33 ②O631.6

中国版本图书馆 CIP 数据核字(2014)第 097752 号

※

国防工业出版社 出版发行

(北京市海淀区紫竹院南路 23 号　邮政编码 100048)
北京嘉恒彩色印刷有限责任公司
新华书店经售
*

开本 710×1000　1/16　印张 13¼　字数 246 千字
2014 年 5 月第 1 版第 1 次印刷　印数 1—2500 册　定价 35.00 元

(本书如有印装错误,我社负责调换)

国防书店:(010)88540777　　　发行邮购:(010)88540776
发行传真:(010)88540755　　　发行业务:(010)88540717

前　言

有机与高分子化学实验是化学、材料科学与工程、生物学、环境科学等专业的必修课程之一。它是有机化学、高分子化学及物理教学的重要环节,是一门以实验为基础的科学,具有很强的实践性,在创新型人才培养中的地位和作用是理论课所不能替代的。

随着化学实验技术的不断发展,现代分析方法在有机化学、高分子化学及物理领域的应用越来越广泛,实验教学内容、实验方法和手段不断更新,对人才培养的要求也越来越高。有机与高分子化学实验的教学任务不仅是验证、巩固和加深课堂所学的基础理论知识,更重要的是培养学生的实验操作能力、综合分析问题和解决问题能力,使其养成"预习—准备—实验—记录—总结"的实验习惯,严肃认真、实事求是的科学态度和严谨的工作作风,从而在科学方法和基本素质方面得到训练,为今后进一步的学习和科研工作打下良好的基础。

本书根据不同学科专业对"有机化学实验"与"高分子化学及物理实验"的需求,精选实验内容,既确保实验与技术知识的系统化,又满足少学时教学的需要。全书着重强调对学生基本实验操作的规范、创新思维和综合素质的系统培养。本书共分三篇9章。

上篇:有机化学实验

第1章:有机化学实验的基础知识。系统介绍有机化学实验的一般知识,重点是实验安全知识及其防范、化学试剂一般常识、常用化学文献及检索方法等。

第2章:基本操作技术与实验技能。介绍有机化学实验中常用的基本操作,着重强调基本实验操作的规范性。

第3章:有机化合物物理常数的测定。

第4章:有机化合物的合成实验。选取24个典型的有机化学反应,内容涉及有机化合物的多种反应类型。

第5章:天然有机物的提取与分离。

中篇:高分子化学及物理实验

第6章:高分子化学及物理实验的基础知识。系统介绍高分子化学及物理实验的安全知识及防范,常用引发剂、单体、聚合物的分离和纯化等基本操作,聚合反应方法和聚合物稳定剂等知识。

第7章:高分子化学实验。选取9个典型的高分子化学反应,内容涉及高分子的多种反应类型。

第8章:高分子物理实验。选取7个典型的高分子物理实验,内容涉及高分子聚合物结晶度、密度、玻璃化温度、熔点以及力学性能测试等方面的实验。

下篇:设计性与研究性实验

第9章:设计性与研究性实验。简要介绍设计性实验的实施过程,给出7个综合性的设计实验和8个不同层次的研究性题目。

本次编写是在国防科技大学材料科学与工程系能源材料教研室支持下完成的,是教研室多年来有机化学实验、高分子化学及物理实验教学和教改经验的积累。同时,在编写过程中,参考了国内外出版的同类教材,引用了参考教材中部分的内容和图表,借鉴了大量网络教学平台的资源和内容。在此,向参考教材和网络教学平台的作者表示诚挚的感谢。

在编写过程中,郑春满负责全书的统稿和审定,上篇由郑春满、盘毅共同完成,中篇由李德湛完成,下篇由郑春满和李德湛共同完成。在编写过程中,谢凯、陈一民、洪晓斌、韩喻、许静、胡芸等老师对书稿的修改提出了许多宝贵的意见。

本书的出版得到了国防工业出版社和国防科技大学的关心和支持,在此表示衷心感谢。

由于编者水平有限,书中难免有疏漏,诚请有关专家及读者批评指正。

编　者
2013 年 12 月

目　录

上篇　有机化学实验

中篇 高分子化学及物理实验

下篇　设计性与研究性实验

上篇 有机化学实验

第1章 有机化学实验的基础知识

有机化学实验室是教与学、理论与实践相结合的重要场所,实验教学是培养学生化学素质、安全和环保意识的重要环节。

本章的教学目的是通过课程的学习,使学生掌握有机化学实验的一般知识及安全知识;认识各种玻璃仪器和常用仪器,掌握各种仪器的功能和使用方法;掌握化学试剂的一般常识;了解常用化学文献及检索方法。

1.1 实验安全知识

1.1.1 实验室规则

(1) 进入实验室,严格遵守各项规章制度,听从指导教师的指导。

(2) 熟悉实验室水、电和燃气的阀门,消防器材、洗眼器与紧急喷淋器的位置和使用方法;熟悉实验室安全出口和紧急逃生的路线;掌握实验室安全与急救常识;进入实验室应穿实验服,并根据需要佩戴防护眼镜。

(3) 实验前认真预习,明确实验目的和要求,掌握实验的基本原理,了解实验方法,熟悉实验步骤,查阅相关文献,对可能出现的危险做好防范措施,并认真做好预习报告。

(4) 实验开始前,认真清点仪器和药品,如有破损或缺少,应立即报告指导教师,按规定手续补领。仪器如有损坏要登记并予以补发。

(5) 实验过程中,保持实验室安静,不得大声喧哗、打闹,不得擅自挪动实验位置或离开实验室;认真观察实验现象,如实记录实验数据;实验装置做到规范、美观,严格按照操作过程进行;试剂应按教材规定的规格、浓度和用量取用,若未规定用量或自行设计的实验,应尽量少用试剂,注意节约。

(6) 保持实验室的整洁和安全。公用仪器和药品应在指定地点使用,用完后及时放回原处,并保持整洁;药品取完后,及时盖好盖子,防止药品间相互污染;固体废弃物及废液应倒入指定位置和容器。

(7) 实验结束后,将个人实验台面打扫干净,清洗、整理仪器,关闭水、电和燃气,实验记录交指导教师审阅、签字后方可离开实验室。严禁擅自将实验仪器、化学药品带出实验室。

（8）学生轮流值日,值日生应负责整理公用仪器、药品和器材,打扫实验室卫生,离开实验室前应检查水、电和燃气是否关闭,待指导教师检查后方可离开实验室,确保实验室的安全。

1.1.2　常见警告标识符号

实验室中常见的实验物品警告标识符号如图 1-1 所示。

图 1-1　实验室常见警告标识符号

1.1.3　火灾的预防和灭火

在有机化学实验中,常用的有机溶剂大多是易燃的,而且大部分的有机反应需要加热,因此防火和灭火十分重要。

火灾的发展分为初起、发展和猛烈扩展三个阶段（图 1-2）。其中,初起阶段持续时间为 5~10min。实践证明,初起阶段是最容易灭火的阶段,所以一旦出现事故,实验室人员应保持冷静,设法制止事态的发展。首先发出警报,然后尽快把火种周围的易燃物品转移,最后采用相应的措施灭火。

要预防火灾的发生,必须做到以下几点:

（1）正确、规范地安装实验装置,严格按照实验的要求进行操作。

（2）使用和处理易挥发、易燃溶剂时,不可存放在敞口的容器内,同时要远离

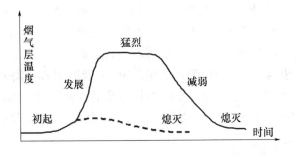

图 1-2　火灾发展阶段示意图

火源。

（3）尽量防止或减少易燃气体的外逸。处理和使用易燃物时,应远离明火,注意室内通风,及时将蒸气排出。

（4）实验室内不得存放大量易燃、易挥发的物品。

灭火措施要根据火灾轻重、燃烧物性质、周围环境和现有条件进行选择,主要包括以下几种:

（1）石棉布:适用于小火的扑灭。用石棉布盖上火种,隔绝空气灭火。如果火很小,也可用湿抹布代替石棉布灭火。

（2）干沙土:适用于不能用水扑救的燃烧。干沙土一般装于沙箱或沙袋内,将干沙土抛洒在着火物体上就可灭火。但对火势很猛、面积很大的火焰效果欠佳。如遇金属钠着火,要用细沙(或石棉布)扑灭。

（3）水:水是常用的救火物质,能使燃烧物的温度下降。但一般有机物着火不适用,因溶剂与水不相溶,且比水轻,水浇上去后,溶剂漂在水面上,扩散开来继续燃烧。但若燃烧物与水互溶或用水没有其他危险时,可用水灭火。在溶剂着火时,先用泡沫灭火器把火扑灭,再用水降温是有效的救火方法。

（4）灭火器:灭火器是最常用的灭火器材。常用灭火器种类见表 1-1。

表 1-1　常用灭火器种类及其适用范围

名称	药液成分	适用范围
泡沫灭火器	$Al(SO_4)_3$ 和 $NaHCO_3$	用于一般失火及油类着火。因为泡沫能导电,所以不能用于扑灭电器设备着火
四氯化碳灭火器	液态 CCl_4	用于电器设备及汽油、丙酮等着火。四氯化碳在高温下生成剧毒的光气,不能在狭小和通风不良的实验室中使用
二氧化碳灭火器	液态 CO_2	用于电器设备失火及忌水物质、有机物着火。注意喷出的二氧化碳使温度骤降,手若握在喇叭筒上容易被冻伤
干粉灭火器	$NaHCO_3$ 等盐类、润滑剂、防潮剂	用于油类、电器设备、可燃气体及遇水燃烧等物质着火的扑灭,是最常用的灭火器

实验室一旦发生火灾,要沉着、冷静。首先切断电源,然后迅速移开周围易燃物质,采用相应的灭火措施处理火灾。当衣服着火时,应立即用石棉布覆盖着火处或赶紧脱下衣服,火势较大时,应一面呼救,一面卧地打滚灭火。

若火势已开始蔓延,则应切断所有电源开关,及时通知消防和安全部门,尽量疏散那些可能使火灾扩大、有爆炸危险的物品及重要物资,及时清理消防人员进出要道,在专业消防人员到达后,主动介绍着火部位、着火物性质等信息。

1.1.4 爆炸事故的预防

物系在热力学上是一种或多种均一或非均一的、不稳定的体系,当受到外界能量激发时,迅速从一种状态转变为另一种状态,并在瞬间以机械功形式发出大量能量,此过程称为爆炸。爆炸具有过程进行快、爆炸点附近瞬间压力急剧升高、发出响声、周围介质发生振动或物质遭到破坏等特点。爆炸只能预防,不能中途控制。爆炸按性质分为物理爆炸和化学爆炸。

爆炸危险品的种类很多,包括可燃气体(如 H_2、CH_4、乙炔和煤气等)、可燃液体(如乙醚、丙酮、汽油、苯、乙醇等)、易燃固体(如镁粉、铝粉、合成树脂粉等)、自燃物(如黄磷等)、遇水燃烧物(如碱金属、硼氢化合物等)、混合危险物等。相互混合或接触能发生燃烧和爆炸的两种或两种以上物质,一般发生在强氧化剂和强还原剂之间。强氧化剂如硝酸盐、高氯酸盐、高锰酸钾等,强还原剂如苯胺、胺类、醇类等。

为预防爆炸事故的发生,一定要注意以下事项:

(1)仪器装置安装正确。常压或加热系统要与大气相通;在减压系统中严禁使用锥形瓶、平底烧瓶等不耐压的仪器。

(2)操作要正确、规范。蒸馏醚类化合物(如乙醚、四氢呋喃等)前,一定要检查容器内是否有过氧化物存在,如果有过氧化物存在,必须在除去后再进行蒸馏,而且蒸馏时切勿蒸干。

(3)在使用易燃易爆物质(如氢气、乙炔等)、遇水会发生激烈反应的物质(如钾、钠等)时,要特别小心,必须严格按照实验规定操作。

(4)对于反应过于激烈的实验,应引起特别注意。有些化合物因受热分解,体系热量和气体体积突然猛增而发生爆炸,对于这类反应,应严格控制加料速度,并采取有效的冷却措施,使反应缓慢进行。

1.1.5 中毒事故的预防

实验室中的化学药品大都具有不同程度的毒性。有毒化学品的种类很多,主要包括以下几种:

(1)窒息化学品,如 HCN、CO 等。窒息气体取代正常呼吸的空气,使氧浓度达不到维持生命所需的量而引起窒息。一般氧气浓度低于 16% 时,人会感到眼花;

低于12%时,会造成永久性脑损伤;低于5%的场合,6～8min人会死亡。

(2)刺激性化学品,如氯气、氨气、二氧化硫、氮氧化物、卤代烃等。涉及到此类气体的实验必须在通风橱中进行。

(3)麻醉或神经性化学品,如锰、汞、苯、甲醇、有机磷等。

(4)剧毒化学危险品,如氰化钾、氰化钠、丙烯腈等。这类烈性毒品进入人体50mg即可致死,与皮肤接触经伤口进入人体,即可引起严重中毒。

(5)强腐蚀化学品,如氢氟酸、硫酸等。

有毒化学品进入人体的途径有三种:

(1)呼吸道吸入。这是最常见、最危险的中毒方式。毒物经肺部吸收进入大循环,可不经肝脏解毒作用直接遍及全身,产生毒性作用,引起急、慢性中毒。

(2)皮肤吸收。如二硫化碳、汽油、苯等能溶解于皮肤脂肪层,通过皮脂腺及汗腺进入人体;当皮肤破损时,各类毒物只要接触患处都可顺利进入人体。

(3)消化道摄取。通过食物与水等进入人体,这主要与个人卫生习惯、实验室卫生状况有关。

为预防中毒事故的发生,一定要注意以下事项:

(1)养成良好的个人卫生习惯,保持实验室良好的环境卫生。

(2)实验前应了解所用药品的性能和毒性。对于反应中产生有毒或腐蚀性气体的实验,应在通风橱内进行或装有吸收装置,保持实验室空气的流通。

(3)实验操作要规范,采取必要的防护措施。有些有毒物质易渗入皮肤,因此不能用手直接拿取或接触化学药品,严禁在实验室内吃东西。

(4)实验室的剧毒药品应有专人负责保管,取用时必须进行登记,并按照操作规程进行实验。

实验过程中如有头晕、恶心等症状,应立即到空气新鲜的地方休息,严重者应视中毒原因实施救治后立即送医院。若固体或液体毒物中毒,有毒物质尚在嘴里的应立即吐掉,并用大量水漱口。若误食碱性有毒物,应先饮用大量水,然后喝些牛奶。误食酸性有毒物时,应先喝水,再服$Mg(OH)_2$乳剂,最后饮些牛奶。重金属中毒者,喝一杯含有几克$MgSO_4$的水溶液后立即就医。砷化物和汞化物中毒必须立即送医院就医。

1.1.6 意外事故的急救处理

实验室内均配备急救药箱,可在实验过程中出现的意外事故需进行紧急处理时使用。药箱内有下列药品和工具:红药水、碘酒(3%)、烫伤膏、饱和碳酸氢钠溶液、饱和硼酸溶液、醋酸溶液(2%)、氨水(5%)、硫酸铜溶液(5%)、高锰酸钾晶体和甘油等;创可贴、消毒纱布、消毒棉、消毒棉签、医用镊子和剪刀等。医药箱供实验室急救使用,不得随意挪动和借用。

1. 化学灼伤

如果被酸、碱和溴灼伤,应立即用大量清水冲洗,然后再用下述方法处理,灼伤严重的经急救后应立即送往医院进行治疗。

酸灼伤:皮肤灼伤,先用大量清水冲洗,然后用5%的碳酸氢钠溶液洗涤,再用清水冲洗,拭干后涂上碳酸氢钠油膏或烫伤膏;若受氢氟酸腐蚀受伤,应迅速用清水冲洗,再用稀碳酸钠溶液冲洗,然后浸泡在冰冷的饱和硫酸镁溶液中30min,最后敷以硫酸镁(20%)、甘油(18%)、水和盐酸普鲁卡因(1.2%)配成的药膏;眼睛灼伤,应立即用大量清水(洗眼器)缓缓彻底冲洗,可用1%的碳酸氢钠溶液清洗,切忌稀酸中和溅入眼内的碱性物质,反之亦然。

碱灼伤:皮肤灼伤,可用1%~2%的醋酸溶液洗涤,再用清水冲洗;眼睛灼伤用1%的硼酸清洗,再用清水冲洗。

溴灼伤:立即用大量清水冲洗,再用苯或甘油洗,然后涂上甘油或烫伤膏。

磷灼伤:立即用5%的硫酸铜、10%的硝酸银或高锰酸钾溶液处理后,送往医院进行治疗。

2. 割伤和烫伤

如果被玻璃割伤,应先把玻璃碎片从伤口处取出,用蒸馏水或双氧水洗净伤口,然后涂上红药水,用消毒纱布包扎。严重割伤大量出血时,应在伤口上方用纱布扎紧或按住动脉防止大量出血,立即送往医院就医。

如果在实验操作中发生烫伤,切勿用水冲洗。轻度烫伤可在烫伤处涂烫伤膏、京万红、正红花油等;烫伤较重时,若起水泡,则不宜挑破,撒上消炎粉或涂烫伤膏后立即送往医院就医。

3. 眼睛掉进异物

玻璃屑、铁屑等进入眼睛时,绝不可用手揉、擦,也不要试图让别人取出碎屑,尽量不要转动眼球,可任其流泪,有时碎屑会随着泪水流出。用纱布轻轻包住眼睛后,将伤者立即送往医院就医。

4. 触电事故

实验中一旦发生人员触电事故,应立即拉开电闸、切断电源,尽快用绝缘物(如干燥木棒、竹竿等)将触电者与电源隔离。

1.1.7 实验废物的处理

实验中产生的废渣、废液和废气(简称"三废"),如不加处理随意排放,就会对人体、环境、水源和空气造成污染,形成公害。因此,树立环境保护观念,综合利用、变废为宝、处理及减免污染、提倡绿色化学也是有机化学实验学习的重要组成部分。

1. 废气的处理

产生少量有毒气体的实验应在通风橱内进行,通过排风设备将少量毒气排到室外,以免污染室内空气;产生大量毒气或剧毒气体的实验,必须有吸收或处理装置,如二氧化氮、二氧化硫、氯气、硫化氢、氟化氢、溴化氢等酸性气体用碱液吸收后排放;氨气用硫酸溶液吸收后排放;一氧化碳可点燃转化为二氧化碳。

2. 废渣的处理

实验废渣应按有害和无害分类收集于不同的容器中。

无害的固体废物,如滤纸、碎玻璃、软木塞、氧化铝、硅胶、氯化钙等可直接倒入普通的废物箱中,不应与其他有害固体废物相混。

有害的废渣,应放入带有标签的广口瓶中统一处理,对一些难处理的有害废物可送环保部门作专门处理;对能与水发生剧烈反应的化学品(如金属钠、金属钾等),处理前要用适当的方法在通风橱内进行分解。

3. 废液的处理

有回收价值的废液应收集起来统一处理,回收利用;无回收价值的有毒废液,应集中起来送废液处理站或实验室分别进行专门处理。

少量的酸(如盐酸、硫酸、硝酸等)或碱(如氢氧化钠、氢氧化钾等)必须进行中和处理,并用水稀释,确保无害时才能排放。

有机废液可采用氧化分解法、水解法和生物化学法等方法进行处理。

其他有毒废液的处理,如含氰化物的废液、含汞及其化合物的废液、含重金属离子的废液,其处理方法参见相关参考书籍。

在废物处理时,注意使用个人保护工具,如防护眼镜、手套等。对可能致癌的物质,处理起来应格外小心,避免与手接触。为了给处理单位提供参考,废物记录卡应填写详细,包括名称、化学品的量及主要有害特征等信息。

1.2　玻璃仪器的使用、洗涤与干燥

1.2.1　常用的玻璃仪器

实验室常用的玻璃仪器种类繁多,规格各不相同。了解各种玻璃仪器,掌握其功能和使用方法是对实验者的基本要求。按其口塞是否标准和磨口,玻璃仪器分为普通玻璃仪器和标准磨口仪器,普通玻璃仪器如图1-3所示。各种玻璃仪器的用途分别介绍如下。

平底烧瓶:适用于配制和储存溶液,不能用于减压实验。

圆底烧瓶:能耐热和反应物(或溶液)沸腾所发生的冲击振动。短颈圆底烧瓶结构坚实,在有机化合物合成实验中最为常用。

锥形烧瓶:常用于有机溶剂重结晶的操作,因为生成的结晶物易从锥形瓶中取出。锥形瓶通常也用作常压蒸馏实验的接收器,不能用作减压蒸馏实验的接收器。

三口烧瓶:常用于需要进行搅拌的实验中。中间瓶口装搅拌器,两个侧口装回流冷凝管、滴液漏斗或温度计等。

蒸馏烧瓶:蒸馏时常用的仪器。

克莱森蒸馏烧瓶:简称克氏蒸馏烧瓶,一般用于减压蒸馏实验,正口安装毛细

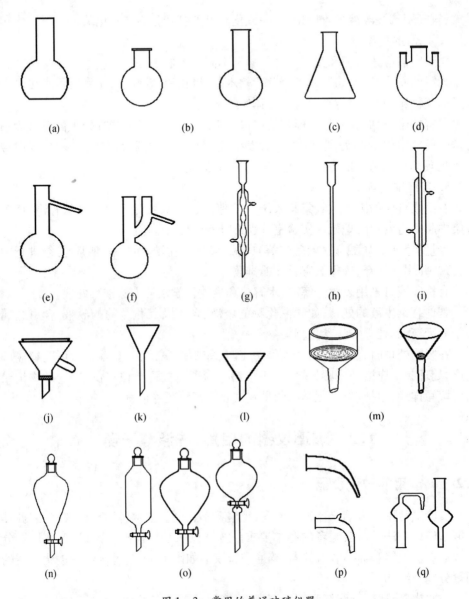

图 1-3 常用的普通玻璃仪器

(a) 平底烧瓶;(b) 圆底烧瓶;(c) 锥形瓶;(d) 三口烧瓶;(e) 蒸馏烧瓶;(f) 克莱森蒸馏烧瓶;

(g) 球形冷凝管;(h) 空气冷凝管;(i) 直形冷凝管;(j) 保温漏斗;(k) 长颈漏斗;(l) 短颈漏斗;

(m) 布氏漏斗;(n) 分液漏斗;(o) 滴液漏斗;(p) 接引管;(q) 干燥管。

管,带支管的瓶口安插温度计。容易发生泡沫或暴沸的蒸馏通常使用这种蒸馏烧瓶。

直形冷凝管:适用于蒸馏物质的沸点在 130℃ 以下的蒸馏,蒸馏时要在套管内通水冷却;超过 130℃ 时,冷凝管易在内管和套管的接合处炸裂。

空气冷凝管:当蒸馏物质的沸点在 130℃ 以上时,常用空气冷凝管代替通冷却水的直形冷凝管。

球形冷凝管:内管冷却面积较大,对蒸气的冷凝有较好效果,适用于加热回流的实验。

保温漏斗:也称热滤漏斗,主要用于需要保温的过滤,是在普通漏斗外装上一个铜质外壳,外壳与漏斗间装水,用酒精灯加热侧面支管,以保持所需的温度,防止物质在过滤过程中结晶。

长颈漏斗和短颈漏斗:适用于普通过滤实验。

布氏漏斗:瓷质的多孔板漏斗,在减压过滤时使用。小型多孔板漏斗用于减压过滤少量物质。

分液漏斗:常见分液漏斗有筒形分液漏斗、梨形分液漏斗、圆形分漏斗,用于液体的萃取、洗涤和分离;有时也可用于滴加反应试剂。

滴液漏斗:可把液体一滴一滴地加入反应器中,即使漏斗的下端浸没在液面下,也能够明显地观察到滴加速度。

带有标准磨口的玻璃仪器,通称标准磨口仪器,如图 1 - 4 所示。相同编号的标准磨口可以相互连接。使用标准磨口玻璃仪器可免去配塞、钻孔等程序,又可避免塞子给化学反应带进杂质的可能,磨砂塞、口配合紧密,密封性好,是目前有机化学实验中常选用的玻璃仪器。

标准磨口仪器的规格常用数字编号表示,常用的标准磨口有 10 口、14 口、19 口、24 口和 29 口等,数字表示磨口最大端直径的毫米数。有的标准磨口玻璃仪器

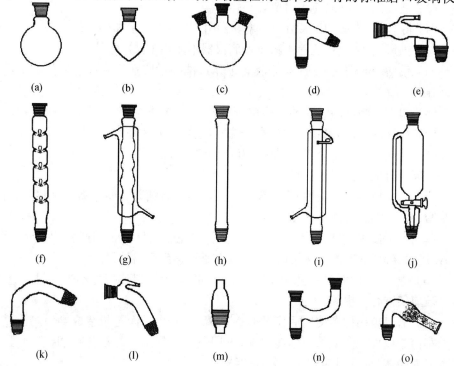

(a)　　　(b)　　　(c)　　　(d)　　　(e)

(f)　　　(g)　　　(h)　　　(i)　　　(j)

(k)　　　(l)　　　(m)　　　(n)　　　(o)

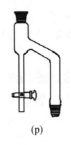
(p)

(q)

图 1-4　标准磨口玻璃仪器

（a）圆底烧瓶；（b）梨形烧瓶；（c）三口烧瓶；（d）蒸馏头；（e）双头接引管；（f）刺形蒸馏管；

（g）环形冷凝管；（h）空气冷凝管；（i）直形冷凝管；（j）恒压分液漏斗；（k）蒸馏弯头；

（l）接引管；（m）温度计套管；（n）两口连接管；（o）干燥管；（p）分水器；（q）索氏萃取器。

有两个数字,例如 14/30,表示磨口的直径为 14mm,磨口长度为 30mm。一般实验中使用的常量玻璃仪器是 14 口、19 口的磨口玻璃仪器,微型化学实验中采用 10 口磨口的玻璃仪器。

微型化学实验中使用的玻璃仪器大多是常规玻璃仪器的微型化产物,如圆底烧瓶、直形冷凝管、锥形瓶等,其形状与常规玻璃仪器完全一样。

1.2.2　玻璃仪器使用注意事项

使用玻璃仪器时应注意以下几项:

（1）玻璃仪器易碎,使用时要轻拿轻放。

（2）除烧杯、烧瓶和试管外,玻璃仪器不能用明火直接加热。

（3）锥形瓶、平底烧瓶等不耐压玻璃仪器不能用于减压系统。

（4）带活塞的玻璃器皿(如分液漏斗等),洗净后应在活塞和磨口间垫上小纸片,以防止粘结。

（5）温度计测量的温度不得超出刻度范围,不能把温度计当搅拌棒使用。使用完毕应缓慢冷却,不能立即用冷水冲洗,以免炸裂或汞柱断线。

（6）玻璃仪器使用完毕,应及时清洗、晾干。

标准磨口玻璃仪器使用时应注意以下事项:

（1）磨口玻璃仪器使用时,磨口处必须洁净。若粘附有固体物,会使磨口对接不紧密,将导致漏气,甚至损坏磨口。

（2）一般使用时,磨口不必涂抹润滑剂,以免粘附反应物和产物;对于碱性反应,则应涂抹润滑剂;减压蒸馏时,应涂真空脂以达到密封效果。

（3）安装标准磨口玻璃仪器时,应垂直、正确,使磨口连接处不受歪斜的应力,否则玻璃仪器容易损坏。

（4）磨口玻璃仪器使用后应及时拆卸清洗,防止时间过长造成磨口与磨塞间的粘牢而难以拆开。如果发生此情况,可用热水煮粘结处,或用热风吹磨口处,使其膨胀而脱落,也可用木槌轻轻敲打粘结处。

1.2.3 玻璃仪器的洗涤与干燥

使用洁净的实验仪器是实验成功的重要条件,是实验者应养成的良好习惯。

1. 一般洗涤方法

将玻璃仪器和毛刷淋湿,蘸取肥皂粉或洗涤剂,洗刷玻璃器皿的内外壁,除去污物后用清水冲洗。将仪器倒置,器壁不挂水珠,即表示已洗干净,可供一般实验使用。洗涤时应根据不同玻璃仪器选择使用不同形状和型号的刷子,如试管刷、烧杯刷、圆底烧瓶刷和冷凝管刷等。

2. 酸、碱或有机溶剂洗涤

当洁净度要求较高或一般方法难以洗净时,则可根据有机反应残渣的性质,选用合适的溶液溶解后再洗涤,如铬酸、草酸、有机溶剂等。

禁止盲目使用各种化学试剂或有机溶剂来清洗玻璃器皿,这样不仅造成浪费,而且可能带来危险,同时对环境产生污染。

3. 超声波振荡清洗

利用声波振动和能量清洗仪器,具有省时、方便的优点,能有效清洗焦油状物。特别是一些手工无法清洗的物品及粘有污垢的物品,清洗效果是人工清洗无法代替的,因此在有机化学实验中经常使用。

玻璃仪器的干燥程度视实验要求而定,某些反应不需要干燥仪器,而某些反应则要求在无水条件下进行,因而必须将仪器严格干燥后再使用。

(1) 自然风干。将洗净后的仪器瓶口向下倒置,使水自然流下,放置于干燥架上晾干。

(2) 烘干。将玻璃仪器置于烘箱内烘干,注意仪器口朝上;也可用气流干燥器烘干或用电吹风吹干。

(3) 有机溶剂干燥。当仪器急用时,可用有机溶剂助干,如用少量乙醇(95%)或丙酮荡涤,把溶剂倒回至回收瓶中,然后用电吹风吹干。

1.3 常用的反应装置与设备

1.3.1 常用的反应装置

1. 回流装置

在化学反应中,有些反应和重结晶样品的溶解往往需要煮沸一段时间,为了不使反应物和溶剂的蒸气逸出,常在烧瓶口垂直装上球形冷凝管,冷却水自下而上流动,如图1-5(a)所示。若有有毒气体产生时,需要接加气体吸收装置,如图1-5(b)所示。回流操作时要注意两点:①加热前务必加沸石;②蒸气上升高度控制在不超过第二个球为宜。

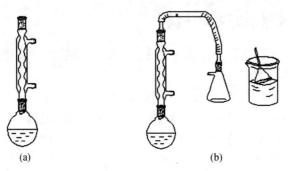

图 1-5 回流装置和带气体吸收的回流装置

(a) 回流装置;(b) 带气体吸收的回流装置。

2. 蒸馏与分馏装置

蒸馏和分馏是有机化学实验中的重要操作。蒸馏装置主要包括常压蒸馏装置、减压蒸馏装置和水蒸气蒸馏装置三种,如图 1-6 所示。

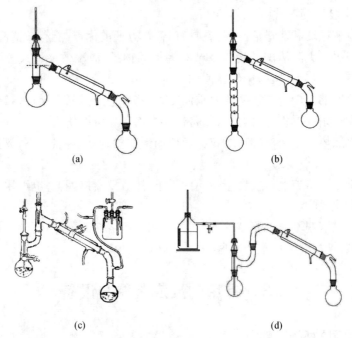

图 1-6 蒸馏与分馏装置

(a) 常压蒸馏装置;(b) 分馏装置;(c) 减压蒸馏装置;(d) 水蒸气蒸馏装置。

3. 搅拌与减压过滤装置

实验中常用的减压过滤如图 1-7(a) 所示,一般在抽滤瓶与水泵(或油泵)间加一缓冲瓶,以防止水(或油)进入抽滤物质中。

在很多非均相溶液反应或反应物之一是滴加的实验中,需要进行搅拌,这种情况需要如图 1-7(b) 所示的搅拌反应装置。

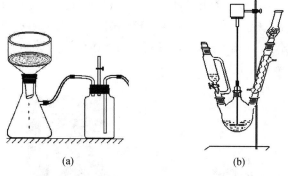

(a)   (b)

图 1-7　减压过滤与搅拌反应装置
(a) 减压过滤装置；(b) 搅拌反应装置。

1.3.2　反应装置的安装与拆卸

实验装置的装配与拆卸需要严格按照要求进行,注意以下几点:

(1) 所用玻璃仪器和配件要干净,大小要合适。

(2) 安装时要选择好仪器的位置,左右距离和前后距离要适中,尽量做到便于实验操作和观察。

(3) 安装实验装置时按照自下向上、从左到右的原则,逐个安装与固定;所有仪器要横平竖直,做到严密、正确、整齐、稳妥;磨口连接处呈一线;所有的铁架、铁夹都要在玻璃仪器的后面。

(4) 拆卸顺序与安装的顺序相反。拆卸前,应先停止加热,移走热源,待仪器稍冷却后,关掉冷凝水,按从右到左、从上到下的原则逐个拆卸。

(5) 常压反应装置应与大气相通,不能密闭;同时,拆卸冷凝管时注意不要将水洒在电炉或电热套等设备上。

1.3.3　实验室常用设备

有机化学实验中常用的设备很多,包括酒精灯(图 1-8(a))、酒精喷灯(图 1-8

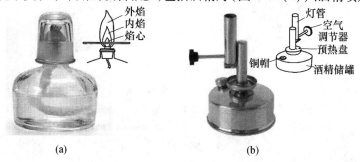

(a)   (b)

图 1-8　酒精灯与酒精喷灯
(a) 酒精灯；(b) 酒精喷灯。

(b))、电子天平(图1-9(a))、电热套(图1-9(b))、电吹风、电动搅拌机(图1-9(c))、烘箱、循环水真空泵(图1-9(f))、旋片式油泵、旋转蒸发仪(图1-9(h))、旋光仪、阿贝折光仪等。其中,旋光仪和阿贝折光仪将在后续的实验中进行专门的讲解和练习,这里不作阐述。

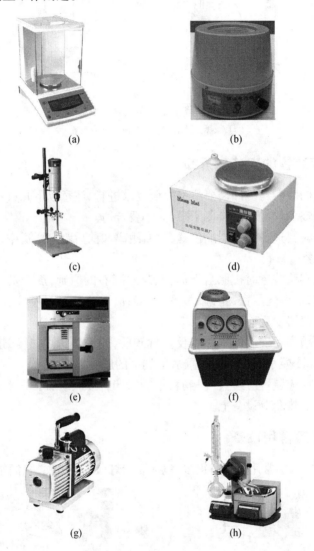

图1-9 其他常用设备

(a)电子天平;(b)电热套;(c)电动搅拌机;(d)磁力加热搅拌器;

(e)烘箱;(f)循环水真空泵;(g)旋片式油泵;(h)旋转蒸发仪。

1. 酒精灯

酒精灯加热温度为400~500℃,适用于温度不需要太高的实验。酒精灯是由灯帽、灯芯和盛酒精的灯壶三部分组成。正常酒精灯的火焰分为焰心、内焰和外焰

14

三部分。外焰的温度最高、内焰次之,焰心温度最低。若要灯焰平稳并适当提高温度,可加金属网罩。

注意:加热完毕或需要添加酒精时,需要用灯帽熄灭火焰。盖灭后再重盖一次,让空气进入,以免冷却后造成盖内负压使盖子打不开,绝不允许用嘴吹灭。使用时,若洒出的酒精在灯外燃烧,不要慌张,可用湿抹布或沙土扑灭。

2. 酒精喷灯

酒精喷灯的加热温度可达 1000℃ 左右,一般在 800~900℃。酒精喷灯能调节一定比例的酒精蒸气与空气得到较高温度的灯焰。酒精喷灯的式样虽然众多,但构造原理基本相同,通常由灯管、小托盘和盛酒精的灯壶组成。灯管的下部有螺旋调节旋钮,通过调节螺旋调节旋钮可调节空气的进入量。小托盘作为少量酒精的载体,点燃后为灯壶加热,用于产生酒精蒸气。

注意:在调节火焰或加热过程中,由于某种原因出现不正常火焰时,一定要按照操作步骤关闭酒精喷灯。待灯管冷却后再重新点燃和调节。

3. 电子天平

电子天平是实验室最常用的称量设备,能快速准确称量,在使用前应仔细阅读使用说明书或认真听取指导教师的讲解。

注意:确认天平量程范围,一旦称量物品超过天平的量程,容易损坏天平;具有腐蚀性试剂和药品,应避免与天平接触或洒落至天平部件,以防腐蚀天平。

4. 电热套

电热套是化学实验中用来间接加热的设备,分为可调和不可调两种。电热套是由玻璃纤维与电热丝编织成半圆形的内套、外边的金属外壳和中间的保温材料组成。根据内径的大小分为 50mL、250mL、500mL、1000mL 等规格,最大可达 3000mL。电热套使用比较安全,使用完毕应注意放置于干燥处存放。

注意:新购置的电热套第一次使用时,会有白色的烟雾和刺鼻的气味,属于正常现象,加热 30min 左右消失。

5. 电动搅拌机

电动搅拌机一般用于常量的非均相反应,用于搅拌液体反应物。电动搅拌机的使用流程如下:①先将搅拌棒与电动搅拌棒连接好;②再将搅拌棒用套管或塞子与反应瓶固定好;③在开动搅拌机前,先用手空试搅拌机转动是否灵活,如果转动不灵活,应找出摩擦点,进行调整,直至转动灵活。

注意:如果电动搅拌机长期不使用,应该向电机的加油孔中加入一些机油,以保证电机以后能正常运转。

6. 磁力加热搅拌器

磁力加热搅拌器可以同时进行加热和搅拌,特别适合于微型实验和反应液黏度较低的反应。使用时将聚四氟乙烯搅拌子(根据容器大小选择合适尺寸的搅拌子)放入反应容器内,通过调速器调节搅拌速度。

实验室常用搅拌器的一般性能为:①搅拌转速:0～1200r/min;②控温范围:室温～100℃或室温～300℃(集热式磁力加热搅拌器);③搅拌容量:20～3000mL;④电炉功率:300～1000W,可连续工作。

注意:使用中应防止有机溶剂及强酸、碱等腐蚀性药品腐蚀搅拌器。使用完毕,应擦拭干净后存放。

7. 烘箱

实验室一般使用带有自动控温系统的电热鼓风干燥箱,使用温度50～300℃,主要用于玻璃仪器或无腐蚀性、热稳定性好的药品的干燥。刚洗好的仪器,应先将水沥干后再放入烘箱中;带旋塞的仪器,应取下塞子后再放入烘箱中。放置时,要先放上层,以免湿仪器的水滴到热仪器上造成炸裂。取出烘干的仪器时,应戴手套或以干布垫手,以免烫伤。

注意:热仪器取出后,不要马上接触冷物体,如水、金属用具等。干燥玻璃仪器一般控制在100～110℃;干燥固体有机药品时,一般控温应比其熔点低20℃以上,以免药品熔融。

8. 循环水真空泵

循环水真空泵是以循环水作为流体,利用射流产生负压的原理而设计的一种减压设备,广泛应用于蒸发、蒸馏和过滤等操作中。由于水可循环使用,节水效果明显,且避免了使用普通水泵因高楼水压低或停水无法使用的问题。

循环水真空泵一般用于对真空度要求不高的减压体系中,使用时应注意以下几点:①真空泵的抽气口最好连接一个缓冲瓶,以免停泵时倒吸;②开泵前,检查是否与体系连接好,然后打开缓冲瓶上的旋塞;开泵后,用旋塞调至所需的真空度;③关泵时,先打开缓冲瓶上的旋塞,拆掉与体系的接口后再关泵。切忌相反操作。

注意:有机溶剂对水泵的塑料外壳有溶解作用,应经常更换水泵中的水,以保持水泵的清洁、完好和真空度。

9. 旋片式油泵

旋片式油泵是实验室常用的减压设备,多用于对真空度要求较高的反应中,其效能取决于泵的结构及油的质量(油的蒸气压越低越好),质量高的油泵能抽到10～100Pa(1mmHg 柱以下)以上的真空度。

注意:为了保护泵和油,使用时应做到定期换油;当干燥塔中的氢氧化钠、无水氯化钙已经成块时应及时更换。

10. 旋转蒸发仪

旋转蒸发仪由马达带动可旋转的蒸发器(圆底烧瓶)、冷凝器和接收器组成。旋转蒸发仪可用于常压或减压下操作,可一次进料,也可分批加入蒸发液。由于蒸发器不断旋转,可免加沸石而不会暴沸。蒸发器旋转时,液体附于壁上形成一层薄膜,加大蒸发面积,使蒸发速率加大。因此,旋转蒸发仪是溶液浓缩、溶剂回收的快速、方便的装置。

注意:控制好水浴温度和真空度,防止物料暴沸冲入冷凝管;恒温槽通电前必须加水,禁止无水干烧;旋蒸开始时,先接入蒸馏烧瓶,抽真空后开始旋转;旋蒸结束时,先停旋转,再破坏真空,然后取下蒸馏烧瓶。

1.4 化学试剂的一般知识

1.4.1 化学试剂的规格

化学试剂是用以研究其他物质组成、性状及其质量优劣的纯度较高的化学物质。化学试剂种类繁多,分类标准也不尽相同。根据用途可分为通用试剂和专用试剂两类,又根据其纯度划分试剂的等级和规格。

因此,必须对化学试剂的类别和等级有一个明确的认识,做到合理使用化学试剂,既不超规格造成浪费,又不随意降低规格而影响实验结果的准确度。

实验室普遍使用的试剂为一般试剂,其规格以所含杂质的多少划分为一级、二级、三级(四级已很少见)及生物试剂。一般试剂的规格和适用范围见表1-2。指示剂也属于一般试剂,此外还有标准试剂、高纯试剂和专用试剂等。

表1-2 一般化学试剂的规格和适用范围

级别	名称	英文名称	符号	适用范围	标签标志
一级	优级纯	Guarantee Reagent	G. R	精密的分析研究	绿色
二级	分析纯	Analytical Reagent	A. R	精密的定性定量分析用	红色
三级	化学纯	Chemical Reagent	C. R	一般定性及化学制备用	蓝色
四级	实验试剂	Laboratorial Reagent	L. R	一般的化学制备实验用	棕色或其他颜色
生物试剂	生化试剂	Biological Reagent	B. R	生物化学及医学化学实验用	黄色或其他颜色

标准试剂是适用于衡量其他待测物质化学量的标准物质,我国习惯称其为基准试剂。标准试剂的特点是主体含量高而且准确。我国规定容量分析第一基准和容量分析工作基准的主体含量分别为(100 ± 0.02%)和(100 ± 0.05%)。

高纯试剂中杂质含量低于优级纯或基准试剂,其主体含量与优级纯试剂相当,而且规定检测杂质项目要多于同种优级纯或基准试剂。它主要用于痕量分析中试样的分解及试液制备。如测定试样中超痕量铅,需用高纯盐酸溶液。

专用试剂是指具有专门用途的试剂,如仪器分析专用试剂中有色谱分析标准试剂、薄层分析标准试剂、核磁共振分析标准试剂、光谱纯试剂等。专用试剂的主体含量高,杂质含量很低,如光谱纯试剂的杂质含量用光谱分析法已测不出或者杂质的含量低于某一限度,主要用于光谱分析中的标准物质。但光谱纯试剂不能作为分析化学中的基准试剂。

按照规定,试剂瓶的标签上应标示试剂名称、化学式、摩尔质量、级别、技术规格、产品标准号、生产批号、厂名等,危险品和毒品还应给出相应的标志。

同一化学试剂因规格不同而价格差别很大,实验应本着节约的原则,根据要求选用不同级别试剂,以能达到实验结果的准确度为准,尽量选用低价位试剂。

1.4.2 实验用水及气体钢瓶

在化学实验中,仪器洗涤、配制溶液、产品洗涤和提纯以及分析测定等都要用到大量不同级别的纯水,而不能用普通的自来水代替。化学用水的规格、制备及使用介绍如下。

根据国家标准 GB 6682—86 的技术要求,实验室用水分为一级、二级和三级,其主要的技术指标如表 1-3 所列。其中,电导率是纯水质量的综合指标,其值越低,说明水中含有的杂质离子越少。化学实验用的纯水常用蒸馏法、电渗析法和离子交换法来制备。

表 1-3 实验室用水的级别及主要技术指标

指标名称	一级	二级	三级
pH 范围(25℃)	—	—	5.0~7.5
电导率(25℃)/(μS·cm^{-1})	0.1	1.0	5.0
吸光度(254nm,1cm 光程)	0.001	0.01	—
二氧化硅/(mg·L^{-1})	0.02	0.05	—

三级水、去离子水适用于一般的实验工作,如仪器洗涤、配制溶液等。在定量分析化学中,有时要用二级水或二级水加热煮沸后再用,在仪器分析实验中一般用二级水,有时将去离子水分为“一次水”和“二次水”。“一次水”指自来水经电渗析器提纯的电渗析水,其质量接近于三级水,可用于一般的无机化学实验和定量化学实验;“二次水”指电渗析水再经离子交换树脂处理后的离子交换水,其质量介于一级水和二级水之间,可用于仪器分析实验。纯度越高,价格越贵,所以在保证实验要求前提下,要注意合理用水和节约用水。

实验室气体一般以高压状态储存在钢瓶中。在储存使用时要严格遵守有关规程,避免气体误用和造成事故。常用高压气体钢瓶的颜色与标志如表 1-4 所列。

表 1-4 常用高压气体钢瓶的颜色与标志

气瓶名称	外表颜色	字样	字样颜色
氧气	天蓝	氧	黑
氢气	深绿	氢	红
氮气	黑	氮	黄
氨气	黄	氨	黑
氩气	天蓝	氩气	红

气瓶名称	外表颜色	字样	字样颜色
乙炔	白	乙炔	红
压缩空气	黑	压缩空气	白
二氧化碳	黑	二氧化碳	黄

1.4.3 化学试剂的取用

1. 液体试剂的取用

所有盛装试剂的瓶上都应贴有明显的标志,标明试剂的名称、规格及配制日期。严禁在试剂瓶中装入非标签上标称的试剂。无标签标明名称和规格的试剂,在未查明前不能随便使用。书写标签最好绘图墨汁,以免日久褪色。

液体试剂根据用量的多少,一般采用滴瓶、细口瓶分装。当对液体的体积不做精确要求时,在取用时一般用滴管吸取或用试管、量筒以倾斜法量取。

1)滴管吸取

一般滴管一次可吸取1mL,约20滴。从滴瓶中取用液体试剂时,应使用滴瓶中的专用滴管。先用手指紧捏滴管上部的橡皮乳头,赶出其中的空气,然后松开手指,吸入试液。禁止将滴管伸入接收容器中,以免污染试剂。滴管专用,用完后放回原处,切忌张冠李戴。

2)用倾斜法量取

量筒有5mL、10mL、50mL、100mL 和1000mL 等规格。取液时,先将试剂瓶的瓶塞取下,倒放于桌面上,左手拿量筒,右手拿试剂瓶(试剂瓶的标签朝上,正对手心),使瓶口紧靠盛接容器的边缘慢慢倒出所需体积的试液后,斜瓶口在量筒上轻靠一下,再将试剂瓶竖起来。当用试管代替量筒时,操作方法相似。

2. 固体试剂的取用

固体试剂一般采用专用药勺取用。药勺的两端为大小两个匙,分别取用大量固体和少量固体。粉状的固体用药勺或纸槽加入。取用块状固体时,应将玻璃仪器倾斜,使其慢慢沿壁至底部,以免碰破玻璃仪器的底部。

取药不宜超过指定用量,禁止将已取出的药品倒回原瓶,可放在教师指定的容器中供他人使用。

1.4.4 化学试剂的保管

化学试剂的保管要注意安全,防火、防水、防挥发、防曝光和防变质。保管不当,不仅会造成财产损失,有时还会造成重大的伤害。化学试剂应根据试剂的毒性、易燃性、腐蚀性和潮解特性等各不相同的特点,以不同方式妥善保管。

一般单质和无机盐类固体,应存放于试剂柜内,无机试剂要与有机试剂分开存

19

放。危险试剂应严格管理,必须分类隔开放置,不能混放在一起。

1. 易燃液体

有机溶剂极易挥发成气体,遇明火即可燃烧,因此要妥善存放。如苯、乙醇、甲醇、丙酮和乙醚等,应单独存放,注意阴凉通风、远离火种。

2. 易燃固体

无机物中如硫磺、红磷、镁粉、铝粉等的着火点很低,应单独存放。存放处应通风、干燥。白磷在空气中可自燃,应保存在水里,并放置于阴凉处。

3. 遇水燃烧的物品

金属锂、钠、钾、电石和锌粉等可与水发生剧烈反应,放出可燃性气体。锂要用石蜡密封,钠和钾需要保存于煤油中,电石和锌粉应存放在干燥处。

4. 强氧化剂

氯酸钾、硝酸盐、过氧化物、高锰酸盐和重铬酸盐等具有强氧化性,当受热、撞击或混入还原性物质时,就可能引起爆炸。保存这类物质时,严禁与还原性物质或可燃性物质存放在一起,同时应存放在阴凉通风处。

5. 毒品

氰化物、三氧化二砷或其他砷化物、汞盐及水银等均为剧毒性药品,应锁在固定的铁柜内,并由专人负责保管。可溶性铜盐、钡盐、铅盐和锑盐均是有毒性药品,都应妥善保管。

6. 受光照易分解或变质的试剂

硝酸、硝酸银、碘化钾、过氧化氢、亚铁盐和亚硝酸盐,都应存放于棕色瓶中,避光保存;如无棕色瓶,可用黑纸将试剂瓶贴裹。

7. 碱性物质

氢氧化钾(钠)、碳酸钠、碳酸钾和氢氧化钡等溶液,必须存放于带橡皮塞的瓶中,以防瓶口粘结。

1.5 实验记录与实验报告

1.5.1 实验预习

实验预习是有机化学实验的重要环节。要达到实验的预期效果,必须在实验前认真预习有关实验内容,做好实验的准备工作。

预习时,切忌仅将教材内容抄写一遍,需做到"看"、"查"、"写"三点。"看"是指仔细地阅读与实验有关的全部内容,不能有丝毫的马虎和遗漏;"查"是查阅手册和有关资料,了解实验中要用到或可能生成的化合物的性能及物理常数;"写"是在看和查的基础上认真地做好预习笔记。

每个学生都应准备实验预习本,预习时可参考以下项目做好预习报告:

（1）实验名称、实验目的和要求、实验原理和反应式。

（2）仪器和装置的名称及性能、溶液浓度和配制方法。

（3）主要试剂和产物的物理常数，主要试剂的规格及用量。

（4）根据实验内容用自己的语言正确地写出简明的操作步骤，关键之处应加以注明。

（5）合成实验，应列出粗产物纯化过程及原理。

（6）对于实验中可能会出现的问题，写出防范措施和解决办法。

1.5.2　实验记录

实验记录是研究实验、书写实验报告和分析实验成败的依据。

实验记录必须实时、详细，内容包括日期、天气、室温、反应装置图、反应开始时间、加料顺序、加料方式、滴加速度、试剂级别、用量、反应温度、现象的变化、分离提纯方法、产量（应记录空瓶重量和产物加空瓶重量）及产率、纯度、所做的测试、固体化合物熔点（重结晶溶剂）、液体化合物的折光率、沸点及测定时的压力、结论等等。

要养成良好的实验记录习惯。实验记录要做到简单明了、真实可靠，字迹要清晰。一般采用钢笔、圆珠笔或水笔记录，不用其他易褪色的笔。

1.5.3　实验报告

实验报告是根据实验记录进行整理和总结，对实验中出现的问题从理论上加以分析和讨论，使感性认识提高到理性认识的必要手段。

实验报告的书写内容：实验目的；反应的基本原理；主要试剂用量及规格；主要试剂及产物物理常数；仪器装置、操作步骤、数据记录；产物的物理状态、产量、产率；最后进行总结讨论。

实验报告只能在实验操作完成后报告自己的实验情况，不能在实验前写好。实验报告应按照要求认真完成，用专用报告纸书写。下面介绍不同类型实验报告的一般书写格式。

1. 基本操作和性质实验报告

实验名称　××××××××

（1）实验目的与要求；

（2）原理与意义；

（3）仪器和装置图；

（4）主要试剂；

（5）操作步骤及实验现象；

（6）结果与讨论；

（7）思考题。

2. 合成实验报告

实验名称 ××××××××

（1）实验目的与要求；

（2）实验原理和反应方程式；

（3）主要原料及产物的物理性质；

（4）主要试剂用量及规格；

（5）仪器和装置图；

（6）操作步骤及实验现象：

实验步骤		现　象
合成	步骤1	现象1
	步骤2	现象2
	步骤3	现象3
分离提纯	步骤4	现象4
	步骤5	现象5
	步骤6	现象6
产品外观、质量		×××××××
物理性质测定		×××××××

（7）产率计算；

（8）结果与讨论；

（9）思考题。

此外，通过问题讨论来总结和巩固在实验中所学的理论和技术，可以进一步培养分析问题和解决问题能力。问题讨论包括如下的内容：

（1）课后题的解答；

（2）实验心得体会和对实验的意见、建议。

1.6　化学文献简介

化学文献是化学领域中科学研究、发明发现、生产实践等的记录和总结，是人类科学和文明的宝贵财富。

通过文献的查阅可以了解某个课题的历史情况以及目前国内外的研究水平和发展趋势，借以丰富思路，做出正确的判断，少走弯路。有机化学实验课要求学生在实验前，对所用试剂、溶剂、反应物和产物等进行手册查阅，这有助于学生对实验内容的了解起始于较高水平，同时能培养学生良好的科学素质及初步查阅和应用文献的能力。

文献按内容一般分为原始文献（如期刊、杂志、专利等作者直接报道的科研论文)、检索原始文献的工具书(如美国化学文摘及其相关索引)、将原始文献数据归纳整理而成的综合资料(如综述、图书、百科全书、手册)等。

1.6.1 原始文献

1. 期刊杂志

期刊杂志是指定期或不定期周期性的连续出版物,具有内容新颖、信息量大、出版周期短、传递信息快、传播面广、时效性强的特点,主要用于获取最新的研究成果和动态。

目前,全世界每年出版的各类期刊达 15 万种以上,科技期刊约占 10 万种。我国现有期刊 8000 多种,其中科技期刊占 54%。期刊杂志是十分重要的信息源。据统计,科研人员从期刊中得到的信息占 65% 以上。

比较重要的期刊杂志有:Science(科学)、Nature(自然)、Journal of the American Chemical Society(美国化学会志)、Journal of Organic Chemistry(有机化学杂志)、Synthetic Communications(合成通讯)、Journal of the Chemical Society(英国化学会志)、Tetrahedron(四面体)、Angewandte Chemie(应用化学)等。

2. 科技报告

科技报告是指科学研究工作和开发调查工作成果的记录或正式报告。比较著名的是美国政府四大报告:PB 报告、AD 报告、NASA 报告和 DE 报告。

PB 报告(Office of the Publication Board):美国国家技术信息服务处(NTIS)出版的报告。报道美国政府资助的科研项目成果,内容几乎包括自然科学和工程技术所有学科领域,主要侧重民用工程,如土木建筑、城市规划、环境保护、生物医学等方面。PB 报告的编号原来采用 PB 代码加上流水号。1979 年年底,PB 报告号编到 PB – 301431,从 1980 年开始使用新的编号系统,即 PB + 年代 + 顺序号,其中年代用公元年代后的末 2 位数字表示,如:PB95 – 232070GAR 18 – 00797。

AD 报告(ASTIA Document):美国国防技术信息中心(DTIC)出版的报告。AD 报告主要报道美国国防部所属的军事机构与合同单位完成的研究成果,主要来源于陆海空三军的科研部门、企业、高等院校、国际组织及国外研究机构。AD 报告的密级有 4 种:Secret、Confidential、Restricted or Limited、Unclassified。内容涉及与国防有关的各个领域,如空间技术、海洋技术、核科学、自然科学、医学、通信、农业、商业和环境等 38 类。

NASA 报告:美国国家航空航天局(National Aeronautics and Space Administration)出版的报告。NASA 报告的内容侧重于航空和空间科学技术领域,广泛涉及空气动力学、飞行器、生物技术、化工、冶金、气象学、天体物理、通信技术、激光和材料等方面。NASA 报告的报告号采用"NASA + 报告出版类型 + 顺序号"的表示方法,例如,"NASA – CR – 167298"表示一份合同用户报告。

DE 报告:原称 DOE 报告,先后由美国原子能委员会、能源研究与发展署和美国能源部出版,报告名称从 AEC、ERDA、DOE 到 DE 多次变化。主要报道能源部所属研究中心、实验室以及合同单位研究成果,也有国外能源机构的文献。内容包括能源保护、矿物燃料、化学化工、风能、核能、太阳能与地热、环境与安全、地球科学等。DE 报告采用"DE + 年代 + 顺序号"的形式,如"DE95009428"表示 1995 年第 9428 号报告,而"DE + 年代 + 500000"以上号码则表示从国外收集的科技报告,DE 报告现年发行量约为 15000 件(公开部分)。

3. 会议文献

会议文献的特点是内容新颖、专业性和针对性强,传递信息迅速,能及时反映科学技术中的新发现、新成果、新成就以及学科发展趋向。会议文献主要用于了解有关学科的发展动向。

4. 专利文献

专利文献的特点是内容新颖、出版比较迅速,其涉及的技术领域广泛,实用性强,同时具有法律效力,而且重复量大。

1.6.2　工具书和数据手册

工具书和数据手册是将原始文献数据归纳整理而成的综合性资料,具有全面、综合性强等特点,是科研工作者必备的参考资料之一。

比较著名的工具书包括:Lange's Handbook of Chemistry(兰氏化学手册)、Handbook of Chemistry and Physics(化学和物理手册)、Dictionary of Organic Compounds(有机化合物手册)、Beilstein's Handbuch der Organischen Chemie(贝尔斯坦有机化学大全)、Aldrich Catalog Handbook of Fine Chemicals(精细化学品目录手册)、中国大百科全书、科学技术百科全书、中国国家标准汇编、试剂手册和简明化学手册等。

其中,Lange's Handbook of Chemistry(兰氏化学手册)由 Dean J A 主编,McGraw - Hill Book Company 出版,1934 年第 1 版,1999 年第 15 版。本书为综合性化学手册,分 11 章,分别报道有机、无机、分析、电化学、热力学等理化数据。其中,第 7 章报道有机化学,刊载 7600 多种有机化合物的名称、分子式、分子量、沸点、闪点、折射率、熔点、在水中和常见溶剂中的溶解性等数据。较复杂的化合物给出了结构式,并注明化合物的核磁共振和红外光谱图的出处。兰氏化学手册有中文译本出版。

1.6.3　化学文摘

文摘提供发表在杂志、期刊、综述、专利和著作中原始论文的简明摘要。虽然文摘是检索化学信息的快速工具,但终究是不完全的,有时容易引起误导,因此不能将化学文摘的信息作为最终结论,全面的文献检索一定要参考原始文献。

以下主要介绍 Chemical Abstracts(美国化学文摘,简称 CA)。CA 是检索原始论文最重要的参考来源,创刊于1907年,是由美国化学会化学文摘服务社编辑出版的大型文献检索工具,迄今已有100多年的历史。

收录内容:CA光盘收录文献以化学化工为主,内容包括纯化学和应用化学领域的科研成果和工艺,同时涉及有关生物、医学、冶金、物理等领域。

收录范围:CA光盘数据库中收录报道了136个国家用56种文字出版的14000多种期刊及科技报告、会议录、学位论文、图书等各种类型的文献。每年发表70多万条引自各种期刊、综述、专利、会议和著作中原始论文的摘要,占全球化学文摘的98%。

在CA的文摘中一般包括以下几个内容:①文题;②作者的姓名;③作者单位和通信地址;④原始文献的来源(期刊、杂志、专利、综述、会议和著作等);⑤文摘的内容;⑥文摘摘录人的姓名。

利用光盘检索CA,只要键入作者姓名、关键词、文章题目、登录号、特定物质的分子式或化学式结构,就能迅速检索到包含上述项目的文摘。在CA的光盘版文摘中,除了包含文摘的卷号、顺序号和与印刷版相同的内容外,还包含一些与所查项目相关的文摘。

1.6.4　参考教材

在化学合成中,经常要设计和选定适合的合成路线和方法,其中包括试剂的处理方法、反应条件和后处理步骤,因此查阅一些参考教材是十分必要的。这类教材种类繁多,包括基本实验操作的规范、复杂化合物的合成方法和路线等。

比较重要的参考教材包括:Organic Reactions(John Wiley & Sons出版)、Organic Synthesis(John Wiley & Sons出版)、基础化学实验操作规范(北京师范大学出版社出版)、化学实验基础(南京大学出版社出版)、有机制备化学手册(石油化学工业出版社出版)等。

1.6.5　网络资源

随着网络的迅速发展,网络检索越来越成为查找化学文献的重要手段。目前,各种重要的期刊、杂志等均已设立了各自的网站,出现了网络版,具有更迅速、快捷的优点。以下列出了部分比较重要网站的网址。

搜索网址:http://www.google.com

英国化学会网站:http://jas.rsc.org/cgi-shell/empower.exe? DB=rsc-e-all-jas

Elservier出版商网站:http://www.sciencedirect.com

中国科学院科技文献全文数据库:http://lcc.icm.ac.cn/fulltext/database.html

化学类数据库:http://chem.itgo.com/database.html

科学类数据库:http://www.cnc.ac.cn/sdb/indexs.html

文摘索引数据库:http://lib.tsinghua.edu.cn/NEW/home66.htm

美国化学会网站:http://www.acs.org/

国家(美国)标准局 WebBook 和 Chemistry WebBook:http://WebBook.nist.gov

Patent Service of QPAT – US:http://www.qpat.com/

中国化学课程网:http://chem.cersp.com

相关 MOOC 平台:http://www.coursera.org/

http://www.udacity.com/

http://www.edx.org/

http://wap.nclass.org(中国数字大学城)

http://study.163.com(网易云课堂)

第2章　基本操作技术与实验技能

实验2.1　加热与冷却

[实验目的]

(1) 了解化学实验中加热和冷却的基本方法;

(2) 掌握电热套、磁力加热搅拌器的使用方法;

(3) 掌握低温冷却剂的配制与使用。

[基本原理]

1. 加热

实验室中常用的热源有酒精灯、酒精喷灯、电热套和可调电炉等。随着仪器设备的发展,目前有机化学实验室一般不再采用酒精灯等明火加热进行反应(特殊实验除外),而是采用空气浴、水浴和油浴等间接加热的方法。

1) 空气浴

空气浴是采用热源把局部空气加热,空气再把热能传导给反应容器。可调电炉、电热套(磁力加热搅拌器)加热是较简便的空气浴加热,能从室温加热到300℃左右,是有机化学实验中最常用的加热方法。

安装装置时,要使反应瓶的外壁与加热容器的内壁保持约1cm的距离,以利于热空气传热,并防止局部过热等。

2) 水浴

当需要加热温度在80℃以下时,可将反应容器浸入水浴中,热浴液面应略高于容器中的液面,注意切勿使容器底触及水浴锅底。若需长时间加热,可采用电热恒温水浴,亦可在水面上加几片石蜡,减少水的蒸发。

有些实验(如蒸发浓缩溶液)并不需要将器皿浸入水中,而是将其置于水浴锅盖上,通过水蒸气来加热,即水蒸气浴。

3) 油浴

加热温度在100～250℃时可采用油浴的加热方式。油浴所能达到的最高温度取决于油的种类。若在植物油中加入1%的对苯二酚,可增加油在受热时的稳定性。甘油和邻苯二甲酸二丁酯的混合液适合于加热到140～180℃,温度过高则容易分解。普通油浴的缺点是温度升高时会有油烟冒出,达到燃点时会自燃,长时间使用易于老化、变黏、变黑。

为了克服上述的缺点,可使用硅油作为油浴介质。硅油是由有机硅单体经水解缩聚而得到的一类线性结构的油状物,一般是无色、无味、无毒、不易挥发的液体,在250℃以上时较稳定。

热浴中除了空气浴、水浴和油浴之外,还有沙浴和金属浴(合金浴)。常用的加热浴方法列于表2-1中。

表2-1 常用加热浴的一览表

类别	物质	容器	使用温度范围/℃	注意事项
水浴 (蒸气浴)	水	铜锅及其他锅	~95	若使用各种无机盐,使水溶液达到饱和,则沸点可以提高
油浴	石蜡油 甘油 硅油等	铜锅及其他锅	~220 140~150 ~250	250℃以上,冒烟及燃烧,油中切勿溅水,氧化后会慢慢凝固
沙浴	沙	铁盘	高温	—
盐浴	如硝酸钾和硝酸钠的等量混合物	铁锅	220~680	浴中切勿溅水,将盐保存于干燥器中
金属浴	各种低熔点金属、合金等	铁锅	因使用金属不同,温度各异	加热至350℃以上时渐渐氧化
其他	甘油、液体石蜡、硬脂酸	铜锅、烧杯	因使用物质不同,温度各异	—

2. 冷却

在有机合成反应中,有时会产生大量的热,使反应的温度迅速升高,如果控制不当,可能引起副反应或使反应物蒸发,甚至会发生冲料和爆炸事故。因此,有些反应必须进行深度冷却,才能使反应顺利进行。

常见的冷却方法包括:冰水冷却、冰盐冷却(0℃以下)、干冰或干冰与有机溶剂混合冷却、低温浴槽等。常见的冷却剂及冷却温度如表2-2所列。

表2-2 常见的冷却剂及冷却温度

冷却剂	冷却温度/℃	冷却剂	冷却温度/℃
碎冰(或冰-水)	0	干冰+乙腈	-75
氯化钠(1份)+碎冰(3份)	-20	干冰+乙醇	-72
六结晶水氯化钙 (10份)+碎冰(8份)	-50(-20~-40)	干冰+丙酮	-78
		干冰+乙醚	-100
液氨	-33	液氨+乙醚	-116
干冰+四氯化碳	~-55	液氮	-195.8

1)冰水冷却

可用冷水在容器外壁流动,或把容器浸在冷水中,用冷水带走热量;可用冷水和碎冰的混合物作为冷却剂,其冷却效果比单独的冰块好。如果水不影响反应进行,也可把碎冰直接投入到反应容器中,从而达到更有效的冷却效果。

2）冰盐冷却

若反应要在0℃以下操作,常用按不同比例混合的碎冰和无机盐作为冷却剂。可把盐研成粉末,把冰砸成小冰块,使盐均匀地包裹在冰块上。在使用过程中应注意随时搅动冰块。

3）干冰或干冰与有机溶剂混合冷却

干冰与四氯化碳、乙醇、丙酮和乙醚混合,可冷却到 -50 ～ -100℃。使用时应将这种冷却剂放在杜瓦瓶中(广口保温瓶)中或其他绝热效果好的容器中,以保持其冷却效果。

4）低温浴槽

低温浴槽实际上是一个小冰箱,冰室口向上,蒸发面用筒状不锈钢槽代替,内装酒精,外设压缩机用循环氟利昂制冷。压缩机产生的热量可用水冷或风冷散去。同时可装外循环泵,使酒精与冷凝器连接循环。使用时,反应瓶可浸在酒精液体中。低温浴槽适用于 -30 ～ +30℃的范围使用。

[实验条件]

实验药品:乙醇,氯化钠,氯化钙;

实验仪器:电热套,低温浴槽,温度计,三口烧瓶,铁架台,球形冷凝管。

[操作步骤]

1. 电热套的使用

在 50mL 三口烧瓶中加入 30mL 蒸馏水,用铁架台固定于 100mL 的电热套中,装入球形冷凝管和温度计,加热至沸腾回流,练习电热套的使用。

2. 冰盐冷却剂的配制

取碎冰 3 份、氯化钠 1 份加入到不锈钢槽中,搅拌均匀,用水银温度计测定其温度;取碎冰 8 份、六水氯化钙 10 份加入到不锈钢槽中,搅拌均匀,用水银温度计测定其温度。

3. 低温浴槽的使用

以乙醇为介质,练习低温浴槽的使用。

[注意事项]

（1）实验过程中需要长时间水浴加热时,要注意水浴槽中水的蒸发,避免水浴锅中的水被蒸干,必要时可在水面上加几片石蜡,减少水的蒸发。

（2）在使用低温制冷剂时,注意不要用手直接接触,以免发生冻伤事故。

（3）温度低于 -38℃时,由于水银会凝固,因此不能用水银温度计,可使用添加少许颜料的有机溶剂(如乙醇、甲苯、正戊烷等)低温温度计。

（4）油浴所用的油中不能有水溅入,否则加热时会产生泡沫或暴溅。

[思考题]

（1）常见的加热方法有哪几种？各有何特点？

(2) 使用金属浴时应注意哪些事项？

(3) 制备液氨＋乙醚制冷剂时,液氨的取用应注意哪些操作事项？

实验 2.2　配塞及简单玻璃加工操作

[实验目的]

(1) 掌握塞子的配置和打孔；

(2) 学习简单的玻璃加工操作。

[基本原理]

使用普通玻璃仪器进行实验时,仪器与仪器之间一般需要通过塞子、玻璃管或橡胶管彼此连接起来,因此塞子的选择、打孔,玻璃管切割、弯制,滴管、毛细管的制作是有机化学实验中必须学习的基本操作。

1. 塞子的配置和打孔

实验中常用的塞子有软木塞、橡皮塞和玻璃磨口塞。

玻璃磨口塞是试剂瓶的配套塞子,可把瓶子塞得很严密,但由于玻璃易被碱和氢氟酸腐蚀,因此不能用于碱和氢氟酸的存放。此外,磨口玻璃塞一般与瓶子配套使用,因此不能混乱使用,易造成密封不严或不配套等问题。

软木塞不易与有机化合物作用,但质地较软,严密性差,易漏气,易被酸、碱腐蚀。与之相比,橡皮塞可把瓶子塞得很严密,不漏气,且不易被酸、碱腐蚀；但橡皮塞易受有机化合物侵蚀和溶胀。

塞子的选择:选择塞子的大小应与仪器的口径相适应,一般要求塞子塞入仪器颈口的部分为塞子本身高度的 1/2 ~ 2/3。选用软木塞时,表面不应有深孔、裂纹。使用前要经过压滚,压滚后软木塞的大小同样应以塞入颈口 1/2 ~ 2/3 为宜。

塞子打孔要与所插入孔内的玻璃管、温度计等的直径适宜,要紧密配合,以免漏气。选择打孔器的大小应视软木塞、橡皮塞不同而异。软木塞打孔应选用打孔器的直径比被插入管子的直径略小些；橡皮塞则反之。

打孔时把塞子垂直放于桌上,打孔器与塞面保持垂直,对准位置,略使劲将打孔器向一个方向向下转动(注意不要打偏),当孔钻至塞子高度的约 1/2 时,把打孔器按相反方向旋转取出,用铁杆捅掉打孔器内的塞芯,然后再从塞子的另一面对准相对应的钻孔位置把孔打透,取出打孔器,捅出塞芯。检查孔道,若孔道略小或不光洁,可用圆锉修整。

此外,打孔器的管口要锋利,因此使用和保存时要保护好管口:使用时,不要随意戳在较硬的物体上使管口钝化或卷口；保存时,避免接触酸液和酸雾,以免腐蚀,同时使用完毕要擦干收好,定期进行适当的维修。

将选定的导管(如玻璃管、温度计)插入并穿过已钻孔的塞子,要求所插导管与塞孔严密配套。温度计或玻璃管插入塞子时,可略用水或甘油润湿,一手拿住塞子,另一手捏住玻璃管或温度计,捏的位置要离插入口近些,一般为2～3cm,稍用力旋转插入塞内,如图2－1所示。

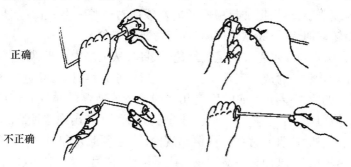

正确

不正确

图2－1 玻璃管插入塞子的方法

注意:捏玻璃管或温度计时,手切勿离插入口太远或用力过猛,以防玻璃管或温度计折断刺破手。

2. 简单玻璃加工操作

玻璃管在加工前应清洗和干燥。清洗的目的是为了去除玻璃管中的灰尘和杂质;干燥则是为了保证玻璃管在加热时不会出现破裂和炸裂等。

1)切割玻璃管(棒)

切割玻璃管(棒)是用小砂轮片或三角锉刀的边棱,在需要截断的地方垂直于玻璃管(棒),向一个方向锉一个稍深的凹痕(切记:来回挫是不正确的)。两手握住玻璃管(棒),用大拇指顶住锉痕背面的两边,轻轻向前推,同时双手向两边拉,玻璃管(棒)即可平整断开(图2－2)。为了安全起见,折断玻璃管(棒)时,应远离眼睛或在锉痕两边包上布后再行折断。

图2－2 折断玻璃管

当需要折断较粗的玻璃管(棒)或在靠近管端部位切断时,一般采用灼烧玻璃球切断法。将一根末端拉细的玻璃管在酒精喷灯上加热,使细端灼烧成小珠球状,在呈赤红色时,趁热将小珠球立即放到用水滴湿过的玻璃管的锉痕处,玻璃管突然受热后在锉痕处裂开。

注意:玻璃管(棒)切割后,其断裂处为快口,有时不平整,易划破橡皮管或割伤手,因此断口处必须要圆口,即把断口放在酒精喷灯的氧化焰中旋转熔烧,使端面圆滑;但切勿烧久,以防止管子收缩变小。

2)弯玻璃管

将玻璃管放在酒精喷灯的弱火焰中左右移动并不断旋转进行预热,然后把玻

31

璃管倾斜一定角度置于强火焰上灼烧,双手均匀等速地向一个方向转动,当加热部位呈黄红色并开始软化时,顺着重力方向让其自然弯曲,同时双手轻轻向中心施力,但弯的角度要小,然后把加热中心稍向左或向右偏移一些;继续加热软化后再弯,如此不断转动加热,不断软化弯曲,逐步弯成所需角度。

第二种方法是当玻璃管加热呈黄红色时,将其从火焰中取出,顺着重力作用顺势两手轻轻向上施力,弯成一定角度。如果要弯成小角度,则可靠近烧过的部位再加热,再弯(弯的角度要小),如此反复几次即可弯成所需的角度。在加热和弯曲玻璃管时,不能扭动,否则弯管将不会在同一个平面上,若出现这种情况,可在弯角处加热纠正。此外,弯管时常会在内侧出现瘪陷,遇到此现象时,将瘪陷部位在酒精喷灯上加热软化,将玻璃管一端用东西或手堵住,在另一端用嘴吹气直至瘪陷部分变得平滑为止。

弯制好玻璃管后,应检查角度是否准确,整个玻璃弯管是否在同一个平面上,然后在小火上进行退火(目的是消除应力),最后放在石棉网上冷却(注意切勿直接放在桌面上)。

3)熔点管的拉制

取一根洁净、干燥、直径约为 10mm、壁厚为 1mm 的玻璃管,在酒精喷灯上加热(图 2-3),火焰由小至大,边加热边转动,当烧至暗红色且变软后,移出火焰,立即将玻璃管水平地向外拉伸。拉时先慢后快,待拉成外径 1~1.2mm 时立即停止拉伸,但双手仍要拉直,以防变形。稍冷后在两端玻璃管下各放一块石棉网,冷却至室温,再用小砂轮片截取长约 15cm 小段,两端用弱火焰边缘封闭,放入长试管内,为测定熔点备用。

图 2-3 熔点管的拉制

4)沸点管的拉制

拉制方法同熔点管,拉成直径 3~4mm 的小玻璃管,截取约 7~8cm,在小火上将一端管口封闭,作为沸点管外管;另将内径为 1mm 的毛细管截成 8~9cm,一端用小火封闭,作为沸点管内管,两者组成微量法测定沸点用的沸点管。

5)滴管的拉制

取洁净、干燥、直径为 6~7mm 的玻璃管,在强火焰上边旋转边加热,玻璃管软化后,两手轻轻向里挤,使软化处壁增厚;继续加热变软后,移出火焰,双手慢慢向水平方向拉伸,双手同步来回转动至内径为 1.5~2mm,稍冷定型;截取细端长度为 3~4cm 粗制品。细端口用小火圆口,粗端口用强火焰烧软后在石棉网上按一下,使其边缘外翻,冷却后按上乳胶头。

[实验条件]

实验药品:酒精;

实验仪器:打孔器,酒精喷灯,橡胶塞,软木塞,玻璃管,玻璃棒。

[操作步骤]

1. 配塞

选择一个在蒸馏头上安插温度计的合适的橡皮塞,选择比温度计直径略大些的打孔器在橡皮塞中央打一个孔并进行修整,然后将温度计用水或甘油润湿后小心地插入橡皮塞,调节温度计水银球位置至适当高度,安装在蒸馏头上。

2. 玻璃加工操作练习

取数根玻璃管(棒)练习玻璃管(棒)的切割操作;

练习玻璃管加热、转动、弯和拉的动作,反复练习;

基本掌握操作要点后,试做一些滴管、搅拌棒和玻璃弯管。

3. 制作几件玻璃管(棒)实验用品

1)滴管

取直径约 7mm、长 16 ~ 18cm 的玻璃管,拉制成细端内径为 1.5 ~ 2mm、长度 15cm 的滴管,2 支。

2)搅拌棒

取直径约 5mm、长约 20cm 玻璃棒,两端分别在火焰上烧圆,作为搅拌棒。

3)玻璃管的弯制

取两根直径约 7mm 的玻璃管,弯制成 90° 和 75° 的玻璃弯管各 1 支。

[注意事项]

(1)操作过程中,制备的玻璃仪器要置于石棉网上冷却,以防烫伤。

(2)玻璃管在加工前务必清洗和干燥。

[思考题]

(1)选择塞子和打孔时应注意些什么?

(2)在强加热玻璃管(棒)前,为什么要先用小火加热?在加工完毕时为什么又要用弱火焰"退火"?

(3)在弯制玻璃管或拉制毛细管时,为什么玻璃管必须要一边加热,一边均匀转动?

实验 2.3　升华

[实验目的]

(1)了解升华的原理及其应用;

(2)掌握实验室升华的操作方法。

[基本原理]

升华是纯化固体有机化合物的一种方法。固态物质受热后不经过液态直接汽化,蒸气冷却后直接变成固体,这个过程叫做升华。

升华所需的温度一般较蒸馏时低,但只有在其熔点温度以下具有相当高的蒸气压(高于 2.67kPa)的固态物质,才可用升华来提纯;其次,升华物质与杂质的蒸气压差要大。如樟脑在 179℃时(熔点)的蒸气压为 49.3kPa(370mmHg 柱),在未达熔点温度前,樟脑已具备很高的蒸气压,若将其在熔点温度之下加热,将不经液态直接汽化,蒸气遇冷凝面就可以凝结为固体,这样得到纯度很高的样品。

利用升华可除去不挥发性杂质,或分离不同挥发度的固体混合物。升华常可得到纯度较高的产物,但操作时间长,损失也较大,在实验室里只用于较少量(1～2g)物质的纯化。

为了了解和控制升华的条件,必须研究物质固、液、气的三相平衡(图 2-4)。图中 ST 表示固相与气相平衡时固体的蒸气压曲线,TW 表示液相与气相平衡时固体的蒸气压曲线,两曲线在 T 点相交,此点即为三相平衡点。在此点,固、液、气三相可同时并存。TV 曲线表示固、液两相平衡时的压力和温度。

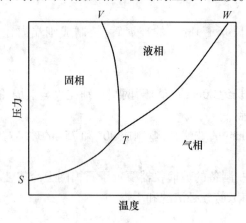

图 2-4　物质的三相平衡图

一种物质的正常熔点是其固、液两相在大气压下平衡时的温度。在三相点 T 处的压力是固、液、气三相的平衡蒸气压。所以三相点时的温度和正常的熔点有些差别。通常这种差别非常小,只有几分之一度。

温度在三相点以下,物质只有固、气两相存在。若降低温度,蒸气不经液态就直接转变为固态。若升高温度,固体也不经液态而直接转变成蒸气。因此,一般的升华操作均应在三相点温度以下进行。若某一物质在三相点温度以下的蒸气压很高,因而其汽化速率很大,就可以较容易地从固体转变为蒸气。物质蒸气压随温度降低而下降非常显著,稍微降低温度即能由蒸气直接转变成固态,此物质可在常压下用升华方法提纯。

有时为了加快升华速度,升华可在减压条件下进行。减压升华特别适用于常压下蒸气压不高或受热易分解的物质。

[实验条件]

实验药品:樟脑;

实验仪器:常压升华装置,减压升华装置。

(1)最简单的升华装置如图2-5(a)所示。它是在蒸发皿上放置需升华的物质,上面覆盖一张刺有许多小孔的滤纸,然后将大小合适的玻璃漏斗倒盖在上面,漏斗的颈部塞有棉花团,以减少蒸气逸散。

(2)减压升华装置如图2-5(b)所示。它由"指形冷凝器"通过橡皮塞紧密塞住吸滤管的管口构成。

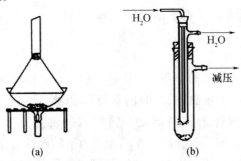

图2-5　升华装置示意图
(a)常压升华装置;(b)减压升华装置。

[操作步骤]

(1)称取1g粗樟脑,置于50mL烧杯中;

(2)在烧杯上放置一只装有循环水的50mL圆底烧瓶,固定在铁架台上,用一小团棉花堵住烧杯流嘴,隔石棉网用酒精灯缓缓加热;

(3)控制樟脑不要熔化,至升华完毕,然后撤去火源;

(4)冷却后取下烧瓶,将瓶底附着的结晶用刮刀处理于称量纸上;

(5)称重计算回收率,并回收样品。

[注意事项]

(1)烧杯壁上的升华樟脑也应一并回收。

(2)实验过程中,注意控制樟脑不要熔化。

[思考题]

(1)被提纯样品若集层太厚将会产生什么后果?

(2)若温度高于熔点操作,会有何问题?

(3)升华面与冷凝面相距太近或太远各有什么弊端?

实验2.4　常压蒸馏

[实验目的]

(1)了解常压蒸馏的原理及其应用;

（2）掌握常压蒸馏的操作方法。

[基本原理]

蒸馏是分离和纯化液体有机物常用的方法之一。首先了解以下几个概念：

1. 饱和蒸气压

液体由于分子的运动，不断地从液面逸出而形成蒸气，同时蒸气分子不断地回到液体表面，最后使得分子由液体逸出的速度与分子由蒸气回到液体中的速度相等（即蒸气对液面保持一定的压力），液面上的蒸气达到了饱和，此时的蒸气为饱和蒸气。它对液面的压力称为饱和蒸气压。

每种物质在一定温度下都有固定的饱和蒸气压。饱和蒸气压只与温度有关，即随温度的升高饱和蒸气压增大。

2. 沸点

随着温度的升高，液体的饱和蒸气压越来越大。当饱和蒸气压与外界压力（即大气压）相等时，液体开始沸腾，此时的温度称为沸点。通常所说的沸点是指在760mmHg柱压力下液体的沸腾温度。例如水的沸点为100℃，即指大气压为760mmHg柱时，水在100℃时沸腾。在其他压力下的沸点应注明。

在了解以上概念后，我们来学习常压蒸馏。常压蒸馏是将液体加热到沸腾状态，使该液体变成蒸气，然后又将蒸气冷凝得到液体的过程。

利用蒸馏可将两种或两种以上沸点相差较大（>30℃）的液体混合物分离。但应注意，某些有机物往往能和其他组分形成二元或三元恒沸混合物，有固定的沸点，因此具有固定沸点的液体有时不一定是纯化合物。纯液体化合物的沸距一般为0.5~1℃，混合物的沸距则较长。

3. 蒸馏装置的选择与搭配

选择合适容量的仪器：液体的量应与仪器配套，瓶内液体的体积应为瓶体积的1/3~2/3。

温度计的位置：温度计水银球上线应与蒸馏头侧管下线对齐。

冷凝管的选用：当蒸馏液体的沸点低于130℃时选用水冷凝管，高于130℃时选用空气冷凝管。

热源的选用：当待蒸馏液体的沸点低于80℃时一般采用水浴，高于80℃时一般采用空气浴、油浴或砂浴。

接收器：使用接收瓶多个，分别用来接收低馏分和产品馏分，接收瓶可用锥形瓶或圆底烧瓶。蒸馏易燃液体（如乙醚）时，应在接引管的支管处接一根橡皮管将尾气导至水槽或室外。

仪器安装步骤：从下至上、从左（头）至右（尾）；拆卸仪器时则相反，从尾至头，从上至下。注意蒸馏装置严禁安装成封闭体系。

[实验条件]

实验药品：无水乙醇，蒸馏水；

实验仪器:蒸馏装置,温度计,铁架台。

[操作步骤]

(1) 安装如图2-6所示的实验装置。

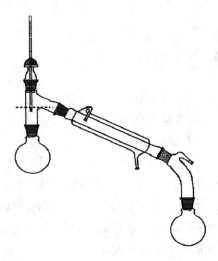

图2-6 蒸馏装置

(2) 将待蒸馏液体(无水乙醇:蒸馏水=1:1)经漏斗加入圆底烧瓶中,放入1~2粒沸石,然后开通冷凝水。

(3) 缓慢加热,然后慢慢加大电热套的加热功率,使之沸腾,开始蒸馏。

(4) 逐步调节电热套的加热功率,控制蒸馏速度为每秒钟1~2滴,记录第1滴馏出液时的温度。

(5) 维持加热速度继续蒸馏,收集所需温度范围的馏分(78~79℃)。当不再有馏分蒸出且温度突然下降时,停止蒸馏。

(6) 蒸馏完毕,关闭热源,停止通水,拆卸实验装置。

[注意事项]

(1) 加沸石可使液体平稳沸腾,防止液体过热产生暴沸;一旦停止加热再蒸馏时,应重新加沸石;若忘记加沸石,应停止加热,冷却后再补加。

(2) 冷凝水应从冷凝管支口的下端进,上端出。

(3) 第1滴馏出液馏出时的温度就是馏出液的沸点。

(4) 蒸馏过程中切勿蒸干,以防意外事故发生。

[思考题]

(1) 蒸馏的原理是什么,有何应用?

(2) 蒸馏时温度计应置于什么位置?过高或过低对蒸馏有什么影响?

(3) 沸石在蒸馏中起什么作用?液体沸腾时为何不可补加沸石?

(4) 含水乙醇经过反复蒸馏能否得到100%纯度的乙醇,原因是什么?

实验 2.5 减压蒸馏

[实验目的]
（1）了解减压蒸馏的原理和应用；
（2）掌握减压蒸馏的操作方法。

[基本原理]

减压蒸馏是分离和提纯高沸点和性质不稳定液体以及一些低熔点固体有机物的常用方法。应用这一方法可将沸点高的物质以及在普通蒸馏时还没达到沸点温度就已分解、氧化或聚合的有机物质纯化。

1. 原理

液体的沸点是指它的蒸气压等于外界大气压时的温度。所以液体沸腾的温度是随外界压力的降低而降低的，因而用真空泵连接盛有液体的容器，使液体表面上的压力降低，即可降低液体的沸点。这种在较低压力下进行蒸馏的操作称为减压蒸馏，减压蒸馏时物质的沸点与压力有关。

获得沸点与蒸气压关系的方法：①查阅文献手册；②经验关系式，压力每相差133.3Pa（1mmHg 柱），沸点相差约1℃；③查阅压力—温度关系图。

2. 减压蒸馏装置

减压蒸馏装置由四部分组成：蒸馏装置、安全保护装置、测压装置、抽气（减压）装置。主要的仪器设备包括双颈蒸馏烧瓶、接收器、吸收器、压力计、安全瓶和减压泵。

1）双颈蒸馏烧瓶（或用克氏蒸馏头配圆底烧瓶代替）

目的是为了避免减压蒸馏时瓶内液体由于沸腾而冲入冷凝管中，瓶的一颈中插入温度计，另一颈中插入一根距瓶底 1～2mm 的末端拉成细丝的毛细玻璃管。毛细玻璃管的上端连有一段带螺旋夹的橡皮管，螺旋夹用以调节进入空气的量，使极少量的空气进入液体，呈微小气泡冒出，作为液体沸腾的汽化中心。

毛细玻璃管的作用有两个：①起沸腾中心的作用，避免液体过热而产生暴沸溅跳现象，同时起搅拌作用；②用来调节进入瓶中的空气量，从而达到调节瓶中压力的目的。

2）接收器

蒸馏沸点为150℃以下物质时，接收瓶前应连接冷凝管冷却；若蒸馏不能中断或要分段接收馏出液时，要采用多头接液管。转动多头接液管，可使不同的馏分进入指定的接收器中。

3）吸收装置

吸收装置的作用是保护减压设备。

4）测压计

测压计有封闭式水银测压计(所读高度差即为系统压力)、开口式水银测压计(所读高度差为真空度)多种。一般系统压力为 760mmHg 柱。

5)安全瓶

用以缓冲、调节压力保护装置及放气,安全瓶与减压泵和测压计相连。

6)减压泵

减压泵有水泵和油泵两种。若不需要很低的压力时可用水泵,其抽空效率可达到 1067 ~ 3333Pa(8 ~ 25mmHg 柱),水泵所能抽到的最低压力,理论上相当于当时水温下的水蒸气压力。

[实验条件]

实验药品:自来水;

实验仪器:减压蒸馏装置,温度计,铁架台。

[操作步骤]

(1)按图 2 - 7 所示安装装置,磨口玻璃处涂上真空脂(油)。

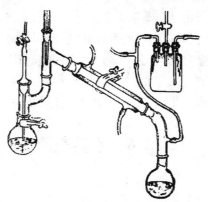

图 2 - 7　减压蒸馏装置

(2)检查系统是否达到要求,尤其是检查系统的真空度。

(3)加入待蒸馏的液体自来水(不超过蒸馏烧瓶容积的 1/2),确保毛细管接近圆底烧瓶的底部。

(4)打开水泵(此时安全瓶上的解压阀应处在开启状态),慢慢关闭解压阀。

(5)观察毛细管冒泡情况,调节螺旋夹,活塞关闭时,应有连续的小气泡通过液体。

(6)开启加热装置,缓慢升温,当冷凝的蒸气环上升至温度计水银球且温度恒定时,蒸馏开始,记录蒸馏时温度、压力,蒸馏速度保持在每秒钟 1 ~ 2 滴。

(7)当新馏分蒸出时,更换接收瓶接收馏分。

(8)结束蒸馏,停止加热,待蒸馏瓶冷却后缓慢打开螺旋夹,解除真空,关掉水泵,移去接收瓶,拆卸装置。

(9)数据处理。

（1）被蒸馏液体中若含有低沸点物质,通常先进行常压蒸馏,再进行水泵减压蒸馏,而油泵减压蒸馏应在水泵减压蒸馏后进行。

（2）装置安装完毕,先旋紧橡皮管上的螺旋夹,打开安全瓶上的二通活塞,使体系与大气相通,启动水(油)泵抽气,逐渐关闭二通活塞至完全关闭,注意观察瓶内的鼓泡情况(如发现鼓泡太剧烈,有冲料危险,立即将二通活塞旋开些),从压力计上观察体系内压力应能符合要求,然后小心旋开二通活塞,同时注意观察压力计上的读数,调节体系内压到所需值。

（3）在系统充分抽空后通冷凝水,再加热蒸馏,一旦减压蒸馏开始,密切注意蒸馏情况,调整体系内压,记录压力和相应沸点值,根据要求收集不同馏分。

（4）蒸馏完毕,移去热源,慢慢旋开螺旋夹,慢慢打开二通活塞平衡内外压力,使测压计的水银柱慢慢地回复原状,然后关闭水(油)泵和冷却水。

[思考题]

（1）什么情况需要采用减压蒸馏?

（2）使用油泵减压时,有哪些吸收和保护装置? 其作用是什么?

（3）在进行减压蒸馏时,为什么必须用热浴加热,而不能用直接火加热? 为什么进行减压蒸馏时须先抽气才能加热?

（4）当减压蒸馏完所需化合物后,应如何停止减压蒸馏操作? 为什么?

实验 2.6 水蒸气蒸馏

[实验目的]

（1）了解水蒸气蒸馏的基本原理和应用;

（2）掌握常量水蒸气蒸馏的操作方法。

[基本原理]

水蒸气蒸馏是利用水蒸气来分离纯化有机物的一种操作,是分离和纯化那些与水不相混溶的挥发性有机化合物的常用方法之一,尤其是在混合物中存在大量树脂状杂质的情况下,其分离效果优于一般蒸馏和重结晶。

采用水蒸气蒸馏来分离与提纯的有机化合物必须具备下列条件:①长时间与沸水共存而不发生化学变化;②不溶于水(或几乎不溶于水);③在100℃左右有一定蒸气压(一般不小于1.33kPa,即10mmHg柱)。

由道尔顿分压定律可知,不溶于水的有机物 A 与水共存时,体系在某一温度的总蒸气压 $P_{总}$ 应为各组分蒸气压(P_A、$P_水$)之和,即

$$P_{总} = P_水 + P_A$$

当混合物中各组分蒸气压总和等于外界大气压时,液体就会沸腾,此时的温度即为混合物的沸点。混合物的沸点比任一组分的沸点都低。因此,在常压下应用

水蒸气蒸馏,就能在低于100℃的情况下将高沸点组分与水一起蒸出来。此时,因总的蒸气压与水及被提纯物的相对量无关,沸点保持不变,直至被提纯物几乎完全移去后,温度才上升至留在瓶中的水的沸点。

根据理想气体状态方程($PV = nRT$)推知,馏出液中水和被提纯物的相对质量(即它们在蒸气中相对质量)与其饱和蒸气压及相对分子质量成正比,即

$$W_A / W_水 = M_A P_A / M_水 P_水$$

水具有低的相对分子质量和较大的蒸气压,因此其乘积较小。这样就有可能来分离较高相对分子质量和较低蒸气压的物质。以溴苯为例,其沸点为135℃,且和水不相混溶。当和水一起加热至95.5℃时,水的蒸气压为86.1kPa,溴苯的蒸气压为15.2kPa,其总压力为0.1MPa,于是液体开始沸腾。水和溴苯的相对分子质量分别为18和157,根据计算可知,每蒸出6.5g水就能够带出10g溴苯,溴苯在溶液组分中占61%。

上述关系式只适用于与水不互溶的物质。而实际上很多化合物在水中或多或少有些溶解。因此,这样的计算只是近似的。如苯胺和水在98.5℃时,蒸气压分别为5.73kPa和94.8kPa。计算可知,馏液中苯胺的含量应占23%,但实际上所得到的比例比较低,主要是由于苯胺微溶于水,导致水的蒸气压降低所引起。

从以上例子可以看出,溴苯和水的蒸气压之比约近于1:6,而溴苯的相对分子质量较水大9倍,所以馏液中溴苯的含量较水多。那么是否相对分子质量越大越好呢?我们知道相对分子质量越大的物质,一般情况下其蒸气压也越低。虽然某些物质相对分子质量较水大几十倍,但若在100℃左右时的蒸气压只有0.013kPa(0.1mmHg)或者更低,就不能应用水蒸气蒸馏。

当然,如果提高温度,用过热水蒸气蒸馏也可获得好的效果。如水蒸气蒸馏苯甲醛时,在97.9℃沸腾,这时苯甲醛的蒸气压只有7.5kPa,馏出液中苯甲醛占32.1%。假如导入133℃过热蒸气,这时苯甲醛的蒸气压可达29.3kPa,因而只要有72kPa的水蒸气压,就可使体系沸腾。此时,馏出液中苯甲醛的含量就可提高到70.6%。

应用过热水蒸气蒸馏,具有水蒸气冷凝少的优点,可以省去在盛蒸馏物的容器下加热等操作。实际上,为防止过热蒸气冷凝,可在盛蒸馏物的瓶下以油浴保持和蒸气相同温度。

[实验条件]

实验药品:中药徐长卿;

实验仪器:水蒸气蒸馏装置,温度计,铁架台。

[操作步骤]

(1)按图2-8所示安装水蒸气蒸馏装置:混合物体积不超过蒸馏烧瓶容量的1/3,导入蒸气的玻璃管下端应垂直地正对瓶底中央,并接近瓶底;水蒸气发生器上的安全管(平衡管)长度适宜,其下端接近烧瓶瓶底;水蒸气发生器的盛水量通常

为其容量的 1/2 ~3/4。

（2）在水蒸气发生器中加入沸石（起助沸作用），检查各塞子是否严密。

（3）称取中药徐长卿 5g，加入 250mL 烧瓶中，加水 20mL，并按图 2－8 所示安装好。

（4）打开装置中 T 形管螺旋夹，通冷凝水，开始加热，当有蒸气从 T 形管中冲出时，关闭螺旋夹，使蒸气通入蒸馏烧瓶。

（5）调节火源，控制馏出速度每秒 1 ~2 滴，当馏出液由混浊液变为澄清透明时，可停止蒸馏。

（6）打开夹子，然后移去热源。

（7）嗅一下馏出物的气味，取一滴馏出液于小块滤纸上，待其挥发后，观察滤纸上是否留有油迹。

（8）取馏出液 1 ~2mL，搅拌均匀，加入 1% 的 $FeCl_3$ 乙醇溶液 2 ~4 滴，观察现象。

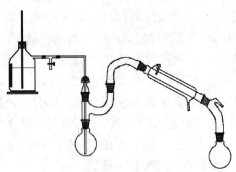

图 2－8　水蒸气蒸馏装置

[注意事项]

（1）应尽量缩短水蒸气发生器与蒸馏烧瓶间的距离，以减少水蒸气的冷凝。

（2）开始蒸馏前应把 T 形管上的止水夹打开，当 T 形管的支管有水蒸气冲出时，接通冷凝水，开始通水蒸气，进行蒸馏。

（3）为使水蒸气不致在烧瓶中冷凝过多而增加混合物的体积，在通水蒸气时，可在烧瓶下用小火加热。

（4）蒸馏过程中，要经常检查安全管中水位是否正确，如发现其突然升高，意味着有堵塞现象，应立即打开止水夹，移去热源，使水蒸气发生器与大气相通，避免发生事故（如倒吸），待故障排除后再行蒸馏。如发现 T 形管支管处水积聚过多，超过支管部分，也应打开止水夹，将水放掉，否则将影响水蒸气通过。

（5）如果随水蒸气挥发馏出的物质熔点较高，在冷凝管中易凝成固体堵塞冷凝管，可考虑改用空气冷凝管。

[思考题]

（1）水蒸气蒸馏时，蒸气导入管末端为什么要插入到接近于容器的底部？

（2）在水蒸气蒸馏过程中,经常要检查哪些事项? 若安全管中水位上升很高说明什么问题,如何处理才能解决呢?

（3）从中药徐长卿中提取挥发油,其主要成分为丹皮酚,画出其结构式。

实验 2.7　分　馏

[实验目的]

（1）了解分馏的原理及其应用;

（2）掌握分馏的操作方法。

[基本原理]

分馏主要适用于沸点相差不太大的液体有机物的分离提纯,是在蒸馏的基础上用分馏柱来进行的。其原理是让在分馏柱内的混合物进行多次汽化和冷凝。

如果将 A、B 二组分理想混合物溶液(指在这种溶液中,相同分子间的相互作用与不同分子间的相互作用是一样的,各组分在混合时无热效应产生,没有体积改变,即遵守拉乌尔定律)加热沸腾时,溶液中每一组分的蒸气压(P_A 或 P_B)等于此纯物质的蒸气压(P_A^0 或 P_B^0)与它在溶液中的摩尔分数(M_A 或 M_B)的乘积,则溶液的总蒸气压(P)等于各组分的蒸气压之和:

$$P_A = P_A^0 M_A, \quad P_B = P_B^0 M_B, \quad P = P_A + P_B$$

根据道尔顿分压定律,气相中每一组分的蒸气压和它的摩尔分数成正比。因此,在气相中各组分蒸气的摩尔分数(M_A^g 或 M_B^g)为

$$M_A^g = \frac{P_A}{P_A + P_B}, \quad M_B^g = \frac{P_B}{P_A + P_B}$$

由此推出其中一个组分(如 B 组分)在气液两相的摩尔分数之比为

$$\frac{M_B^g}{M_B} = \frac{P_B}{P_A + P_B} \cdot \frac{P_B^0}{P_B} = \frac{1}{M_B + P_A^0 M_A / P_B^0}$$

因为在溶液中 $M_A + M_B = 1$,所以若 $P_A^0 = P_B^0$ 时,则 B 组分液相的成分与气相的成分完全相同,这样的 A 和 B 就不能用蒸馏或分馏来分离。如果 $P_B^0 > P_A^0$,表明沸点较低的 B 在气相中浓度较在液相中的大。若此时将气相收集冷凝,将会得到富集有 B 的液体混合物;若再将此液体混合物加热至沸,气相中 B 的摩尔比例将继续增加,冷凝收集气相组分,将得到富集有更大比例 B 的液体,如此反复蒸馏,将会得到纯的 B 化合物液体(反之,也可类似讨论)。但这样反复的操作太烦琐,而分馏就是将这种重复的蒸馏在一个柱内连续完成的操作。

当蒸气进入分馏柱(工业上称为精馏塔)时,因为热量损失而被冷凝下来,冷凝液向下流动时与上升的蒸气接触,通过热量交换,冷凝液受热而蒸发(相当于一次蒸馏),如此反复,低沸点的物质呈蒸气形式不断上升,最后被蒸馏出来。而高沸点的物质将流回加热的容器中,从而实现对沸点不同的物质的分离。

通过沸点—组成曲线图(称为相图)能很好地了解分馏原理。它是用实验测定在各温度时气液平衡状况下的气相和液相的组成,然后以横坐标表示组成,纵坐标表示温度而做出的(如果是理想溶液,则可直接由计算做出)。图 2-9(a)是苯和甲苯混合物的相图,从图中可以看出,由 20% 苯和 80% 甲苯组成的液体(L_1)在102℃时沸腾,和此液相平衡的蒸气(V_1)组成约为苯 40% 和甲苯 60%。若将此组成的蒸气冷凝成同组成的液体(L_2),则与此溶液成平衡的蒸气(V_2)组成约为苯60% 和甲苯 40%。如此继续重复,即可获得接近纯苯的气相。

在分馏过程中,有时可能得到与单纯化合物相似的混合物,它也具有固定的沸点和固定的组成,其气相和液相的组成也完全相同,因此不能用分馏法进一步分离。这种混合物称为共沸混合物(或恒沸混合物)。它的沸点(高于或低于其中的每一组分)称为共沸点(或恒沸点)。图 2-9(a)和图 2-9(b)分别是具有最低和最高沸点共沸物的沸点—组成曲线图。共沸物虽不能用分馏来进行分离,但它不是化合物,它的组成和沸点要随压力而改变,用其他方法破坏共沸组分后再蒸馏可以得到纯粹的组分。

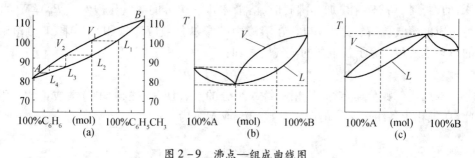

图 2-9 沸点—组成曲线图

(a) 苯和甲苯;(b) 最低沸点共沸物;(c) 最高沸点共沸物。

[实验条件]

实验药品:无水乙醇,蒸馏水;

实验仪器:分馏装置,温度计,铁架台。

[操作步骤]

(1) 按图 2-10 所示安装仪器。

(2) 准备四个 50mL 的锥形瓶为接收器,分别注明 A、B、C、D。

(3) 在 50mL 圆底烧瓶内放置 15mL 无水乙醇、15mL 水及 1~2 粒沸石,开始缓缓加热,并控制加热程度,使馏出液以每秒 1~2 滴的速度蒸出。

(4) 将初馏出液收集于锥形瓶 A,注意并记录柱顶温度及锥形瓶 A 的馏出液总体积。

(5) 继续加热,温度达 78℃ 换锥形瓶 B 接

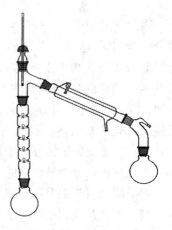

图 2-10 分馏装置

44

收,79℃用锥形瓶 C 接收,98℃时用锥形瓶 D 接收,直至蒸馏烧瓶中残液为 1 ~ 2mL,停止加热(A:78℃前,B:78 ~ 79℃,C:79 ~ 98℃,D:98 ~ 100℃)。

[注意事项]

(1)馏出速度太快,产物纯度下降;馏出速度太慢,馏出温度易上下波动。为减少柱内热量散失,可用石棉绳将分馏柱包起来。

(2)注意切不可将瓶中的液体蒸干。

(3)分馏过程中,要使蒸气慢慢上升到柱顶。

(4)由于温度计误差,实际温度可能略有差异。

(5)分馏结束时,由于乙醇蒸气不足,温度计水银球不能被乙醇蒸气包围,因此会出现温度下降的现象。

[思考题]

(1)蒸馏和分馏在原理及应用上有何异同?

(2)分馏时温度计应放在什么位置?过高、过低对分馏有什么影响?

(3)沸石在分馏中起什么作用?液体沸腾时为何不可补加沸石?

(4)含水乙醇为何经过反复分馏也达不到100%乙醇,原因是什么?

实验 2.8　重结晶与过滤

[实验目的]

(1)了解重结晶的基本原理及应用;

(2)掌握重结晶的操作;

(3)掌握抽滤、热过滤操作和滤纸折叠的方法。

[基本原理]

从有机制备实验或天然物中提取的有机化合物常含杂质,需从复杂的混合物中分离出所需的物质。重结晶是提纯固体有机物的常用方法之一。

固体有机物在有机溶剂中的溶解度与温度有密切关系,一般随温度的升高而溶解度增大,重结晶就是利用这一特性来提纯固体有机物的。一般是先将固体有机物溶解在热的溶剂中使之饱和,使其晶体结构全部破坏,趁热将不溶物等杂质滤除,然后缓慢冷却让结晶重新生成,待结晶完全后滤去溶液,达到提纯的目的。

如果固体有机物中所含杂质较多或要求更高的纯度,可多次重复上述操作,使产品达到所要求的纯度,此法称为多次重结晶。

那么,重结晶对于被提纯物质和杂质有何要求?假设一个固体混合物由 9.5g 被提纯物质 A 和 0.5g 杂质 B 组成,选择一溶剂进行重结晶,室温时 A、B 在此溶剂中的溶解度分别为 S_A 和 S_B,通常存在下列几种情况:

(1)杂质较易溶解($S_B > S_A$)。假设室温下 $S_B = 2.5g/100mL$,$S_A = 0.5g/100mL$,如果 A 在此沸腾溶剂中的溶解度为 9.5g/100mL,则使用 100mL 溶剂即可

使混合物在沸腾时全溶。将此滤液冷却至室温时可使 A 析出 9g（不考虑操作上的损失）而 B 仍留在母液中。A 损失很少，产物的回收率达到 94%。如果 A 在此沸腾溶剂中的溶解度更大，如 47.5g/100mL，则只要使用 20mL 溶剂即可使混合物在沸腾时全溶，这时滤液可以析出 9.4g 物质 A，物质 B 仍留在母液中，产物回收率高达 99%。由此可见，如果杂质在较低温度时的溶解度大而产物的溶解度小，或溶剂对产物的溶解性能随温度的变化大，这两方面都有利于提高回收率。

（2）杂质较难溶解（$S_B < S_A$）。设在室温下 $S_B = 0.5g/100mL$，$S_A = 2.5g/100mL$，A 在沸腾溶液中的溶解度仍为 9.5g/100mL，则使用 100mL 溶剂重结晶后的母液中含有 2.5g A 和全部的 0.5g B，A 析出结晶 7g，产物的回收率为 74%。此时，即使 A 在沸腾溶剂中的溶解度更大，使用的溶剂也不能再少了，否则杂质 B 也会部分析出，需要再次重结晶。因此如果混合物中杂质含量很多，则重结晶溶剂量就要增加，或者重结晶次数要增加，操作过程冗长，回收率极大地降低。

（3）两者溶解度相等（$S_B = S_A$）。设在室温下 $S_A = S_B = 2.5g/100mL$，若也用 100mL 溶剂重结晶，仍可得到 7g 物质 A 的纯品。但如果这时杂质含量很多，则用重结晶分离产物比较困难。

从上述讨论中可以看出，在任何情况下，杂质的含量过多都是不利的（杂质太多同时影响结晶速度，甚至妨碍结晶的生成）。一般重结晶只适用于纯化杂质含量在 5% 以下的有机化合物，若杂质含量过高，往往需先经过其他方法初步提纯，如萃取、水蒸气蒸馏、减压蒸馏、柱层析等，然后再用重结晶方法提纯。

重结晶提纯法的过程包括如下步骤：

1. 溶剂的选择

在进行重结晶时，选择理想的溶剂是关键。通常被提纯的有机化合物在某溶剂中的溶解度与化合物本身的性质及溶剂的性质有关，一般是结构和极性相近时易互相溶解。极性物质较易溶于极性溶剂中，而难溶于非极性溶剂中，如含羟基的化合物，在大多数情况下或多或少地能溶于水中；碳链增长（如高级醇），在水中的溶解度显著降低，但在碳氢化合物中的溶解度增加。

理想溶剂必须具备条件：①不与被提纯物质发生化学反应；②在较高温度时能溶解多量的被提纯物质，而在室温或低温时只能溶解少量该物质；③对杂质的溶解度要么在冷溶剂中非常大，可留在溶液中，或在热溶剂中非常小，可在热过滤时除去；④能生成好的结晶；⑤沸点低、易挥发、易与结晶分离除去；⑥毒性小、价格低、操作安全。

2. 固体物质的溶解

将待提纯的样品放入容器中，加入适量溶剂，加热至沸腾（用水作溶剂时，可用烧杯或锥形瓶作容器；若用有机溶剂，要使用回流装置，同时还要选择适当的热浴加热），观察片刻，若固体未溶解，可补加溶剂直至固体溶解（要注意判断是否有不溶性杂质存在，以免加入过多溶剂）。

要使重结晶产品的纯度和回收率高,溶剂的用量是关键。虽然从减少溶解损失来考虑,应尽可能避免溶剂过量,但这样做会在热过滤时因溶剂挥发或因温度降低而析出结晶,从而引起操作麻烦和损失,特别当物质的溶解度随温度变化很大时更是如此。因此操作时溶剂适当过量,一般比需要量多加20%左右溶剂。

3. 杂质的除去

1)活性炭脱色处理

若溶解的溶液有颜色(对提纯无色物质)或存在某些树脂状物质、悬浮物微粒等,采用一般过滤方法难以除去时,可采用活性炭处理。使用活性炭时要注意不能向正在沸腾的溶液加入活性炭,且用量不宜太大(一般为粗产物的1%~5%)。

2)趁热过滤

当热饱和溶液中含有不溶性杂质或经过活性炭脱色时,要趁热过滤以除去上述杂质和活性炭。热过滤可用简易热滤装置、热浴漏斗或减压抽滤装置完成。

简易热滤装置(图2-11(a))由短颈玻璃漏斗放置在锥形瓶上,再放上滤纸组成。盛滤液的锥形瓶可用小火加热,产生的热蒸气使玻璃漏斗保温;热浴漏斗(图2-11(b))是一个双层中空漏斗,其中加入水并可在支管处加热,可对过滤用的漏斗保温。减压过滤装置(图2-11(c))由抽滤瓶、布氏漏斗和安全瓶组成,通过连接的水泵减压可以加快过滤速度。

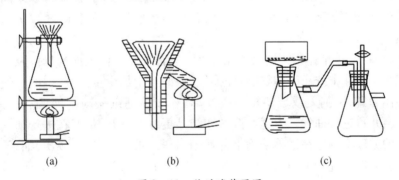

(a)   (b)   (c)

图2-11 热过滤装置图

(a)简易热滤装置;(b)热浴漏斗;(c)减压过滤装置。

4. 晶体的析出

将滤液在冷水浴中迅速冷却并剧烈搅动时,得到的晶体颗粒很小。小晶体包含杂质较少,但其表面积较大,吸附于表面的杂质较多。若希望得到均匀且较大的晶体,可将滤液在室温或保温下静置使之缓慢冷却结晶。如在热滤液中已析出结晶,可加热使之溶解后再缓慢冷却使其结晶,这样得到的结晶往往比较纯。

若滤液中有焦油状物质或胶状物存在使结晶不易析出,或因形成过饱和溶液结晶难以析出时,可用玻璃棒摩擦器壁以形成粗糙面,促使结晶形成,晶核形成后结晶会逐渐析出;也可投入晶种(同一物质的晶体,若无此物质的晶体,可用玻璃棒蘸一些溶液稍干后即会析出晶体),供给定型晶核,使晶体迅速形成。

加入晶种后,不宜再摇动溶液,以防结晶析出过快,影响结晶纯度。有时被纯化的物质呈油状析出,油状物质长时间静置或足够冷却后虽也可以凝固,但这样的固体往往含有较多杂质(杂质在油状物中溶解度常较在溶剂中的溶解度大,而且析出的固体中还会包含一部分母液),纯度不高,用大量溶剂稀释,虽然可防止油状物生成,但将造成产物的损失。这时可将析出油状物的溶液加热重新溶解,然后慢慢冷却。一旦油状物析出时,便剧烈搅拌混合物,使油状物在均匀分散的状况下固化,这样包含的母液就大大减少。但最好是重新选择溶剂,使之能得到晶形较好的产物。

5. 晶体的收集和洗涤

为把结晶从母液中分离出来,一般采用布氏漏斗进行抽滤。抽滤瓶的侧管用较耐压的橡皮管和水泵相连,在中间接一安全瓶,再和水泵相连,以免操作不慎,使泵中的水倒流。抽滤用滤纸要剪得比漏斗内径略小,使其紧贴于漏斗的底壁,盖住滤孔。滤纸的裁剪和折叠参考《基础化学实验操作规范》(李华民、蒋福宾、赵云岑主编,北京师范大学出版社,2010)中"重结晶与过滤"一节。

抽滤前,应先用少量溶剂把滤纸润湿,然后打开水泵将滤纸吸紧,防止固体在抽滤时自滤纸边沿吸入瓶中。借助玻璃棒,将容器中液体和晶体分批倒入漏斗中,并用少量滤液洗出粘附于容器壁上的晶体。抽干后,先将抽滤瓶与水泵间连接的橡皮管拆开,或将安全瓶上的活塞打开接通大气,然后再关掉水泵,以免水倒流入吸滤瓶中。

布氏漏斗中的晶体要用溶剂洗涤,以除去存在于晶体表面的母液及其所含杂质。在布氏漏斗中洗涤时,要先暂停抽气,在漏斗中加少量溶剂,以刚好使溶剂浸泡住固体为宜,用刮刀或玻璃棒小心拨动(不要使滤纸松动),使所有晶体润湿。静置一会儿再进行抽气。为了使溶剂和结晶更好地分开,最好在进行抽气的同时用清洁的玻璃塞倒置在结晶表面上并适当挤压。重复洗涤 1~2 次,抽干,将结晶转移至表面皿上进行干燥。

6. 晶体的干燥

抽滤和洗涤后的结晶,表面上还吸附有少量溶剂,为保证产品纯度,需将产品吸附的溶剂彻底除去,因此尚需用适当的方法进行干燥。

若产品不吸水,可在空气中放置,使溶剂自然挥发干燥;一些对热稳定的化合物,如含有不易挥发的溶剂,可以用红外线灯或烘箱等设备在低于该化合物熔点或接近溶剂沸点的温度进行烘干。必须注意,由于溶剂的存在,结晶可能在较其熔点低得多的温度下就开始熔融,因此必须注意控制温度并经常翻动晶体。此外,可将样品置于干燥器或真空干燥器中干燥。

[**实验条件**]

实验药品:粗乙酰苯胺;

实验仪器:循环水真空泵,恒温水浴锅,热水保温漏斗,玻璃漏斗,玻璃棒,表面皿,抽滤瓶,布氏漏斗,酒精灯,量筒。

[操作步骤]

（1）在150mL锥形瓶中加入3g粗乙酰苯胺,再加入60mL水和几粒沸石,然后加热溶解。

（2）准备好热水保温漏斗,在漏斗里放一张叠好的折叠滤纸,并用少量热水润湿,将上述热溶液通过玻璃棒引流尽快地倒入热水漏斗中。

（3）每次倒入的溶液不要太满,也不要等溶液全部滤完后再加;过滤过程中要不停地向夹套补充热水,以保持溶液的温度便于过滤。

（4）所有溶液过滤完毕,用少量热水洗涤锥形瓶和滤纸,用表面皿将盛滤液的瓶子盖好。

（5）将滤液冷却,使结晶析出。

（6）用布氏漏斗抽滤。

（7）洗涤、干燥,计算回收率。

[注意事项]

（1）在热过滤时,整个操作过程要迅速,以防漏斗温度下降过低,结晶在滤纸上和漏斗颈部析出。

（2）洗涤用的溶剂量应尽量少,以避免晶体大量溶解损失。

（3）用活性炭脱色时,不要把活性炭加入正在沸腾的溶液中。

（4）滤纸不应大于布氏漏斗的底面。

（5）晶体冷却析出时,要使滤液静置,使其缓慢冷却,不能急冷和剧烈搅动,以免晶体过细;若溶液冷却后仍不结晶,可投晶种或使用玻璃棒摩擦器壁以引发晶体形成。

[思考题]

（1）简述重结晶过程及各步骤的目的,加活性炭脱色应注意哪些问题?

（2）如何选择重结晶的溶剂? 使用有机溶剂重结晶时,哪些操作易着火? 如何避免?

（3）使用有毒或易燃的溶剂进行重结晶时应注意哪些问题?

（4）用水重结晶纯化乙酰苯胺时（常量法）,在溶解过程中有无油珠状物出现? 如有油珠出现应如何处理?

（5）请设计用70%乙醇重结晶萘的实验装置,并简述实验步骤。

实验2.9 萃取与洗涤

[实验目的]

（1）了解萃取的原理和应用;

（2）掌握萃取的操作方法。

[基本原理]

萃取是利用物质在两种不互溶(或微溶)溶剂中的溶解度或分配比不同来达到分离、提取或纯化目的的一种操作,是提取或纯化有机化合物常用的方法之一。利用萃取的方法可从固体或液体混合物中提取出所需的物质,也可用来洗去混合物中少量的杂质。通常前者称为"萃取",后者称为"洗涤"。

将含有有机化合物的水溶液用有机溶剂萃取时,有机化合物就在两液相间进行分配。在一定温度下,该有机化合物在有机相中的浓度 C_A 和在水相中的浓度 C_B 之比为一常数 K,即 $C_A/C_B = K$,这就是分配定律。K 称为分配系数,它可近似地看作此物质在两溶剂中的溶解度之比。

通常有机物质在有机溶剂中的溶解度比在水中大,所以可以将它们从水溶液中萃取出来。但除非分配系数极大,否则一次萃取不可能将全部物质转入有机相中。若在水溶液中先加入一定量的电解质(如氯化钠),利用"盐析效应"降低有机化合物和萃取溶剂在水溶液中的溶解度,常可提高萃取效果。

当用一定量溶剂从水溶液中一次或分几次萃取有机化合物时,萃取效率的高低可以利用下列推导来说明。假设在 V 体积水中溶解某物质的量为 W_0,每次用 S 体积与水不互溶的有机溶剂萃取。若一次萃取后留在水溶液中物质的量为 W_1,则该物质在水和有机相中的浓度分别为 W_1/V 和 $(W_0 - W_1)/S$,根据分配定律:

$$W_1 = W_0 [KV/(KV + S)]$$

若两次萃取后留在水溶液中物质的量为 W_2,则有

$$W_2 = W_1 [KV/(KV + S)] = W_0 [KV/(KV + S)]^2$$

显然,n 次萃取后留在水溶液中物质的量为

$$W_n = W_0 [KV/(KV + S)]^n$$

式中,$KV/(KV + S)$ 恒小于1,所以 n 越大,W_n 就越小,这说明把溶剂分成几份进行多次萃取比用全部量的溶剂进行一次萃取的效果好。因此,当溶剂量一定时,总是遵循少量多次原则,把溶剂分成几份进行萃取,但萃取次数也不宜太多,一般 2～3 次为宜。需要注意的是,上述的式子只适用于几乎和水不互溶的溶剂(如苯、四氯化碳或氯仿等),对于与水有少量互溶的溶剂(如乙醚等),上述的式子只是近似的,但可以定性地指出预期的结果。

1. 仪器的选择

液体萃取通常采用分液漏斗,一般选择容积较被萃取液大 1～2 倍的分液漏斗。

2. 萃取溶剂的选择

萃取溶剂的选择,应根据被萃取化合物的溶解度而定,同时要易于和溶质分开,所以最好用低沸点溶剂。一般难溶于水的物质用石油醚等萃取;较易溶者,可用苯或乙醚萃取;易溶于水的物质用乙酸乙酯等萃取。

每次使用萃取溶剂的体积一般是被萃取液体的 1/5～1/3,两者的总体积不应

超过分液漏斗总体积的 2/3。

3. 化学萃取

化学萃取(利用萃取剂与被萃取物起化学反应)主要用于洗涤或分离混合物,操作方法和前述的分配萃取相同。如利用碱性萃取剂从有机相中萃取出有机酸,用稀酸可以从混合物中萃取出有机碱性物质或用于除去碱性杂质,用浓硫酸从饱和烃中除去不饱和烃、从卤代烷中除去醇及醚等。

4. 液-固萃取

从固体中萃取化合物,通常采用长期浸出法或索氏提取器,前者是靠溶剂长期的浸润溶解而将固体物质中的需要成分浸出来,其效率低,溶剂需求量大。

索氏提取器是利用溶剂回流和虹吸原理,使固体物质每一次都能被纯的溶剂所萃取,因而效率较高。为增加液体浸溶的面积,萃取前应先将物质研细,用滤纸套包好置于提取器中,提取器下端接盛有萃取剂的烧瓶,上端接冷凝管,当溶剂沸腾时,冷凝下来的溶剂滴入提取器中,待液面超过虹吸管上端后,即虹吸流回烧瓶,因而萃取出溶于溶剂的部分物质。利用溶剂回流和虹吸作用,使固体中的可溶物质富集到烧瓶中,提取液浓缩后,可将所得固体进一步提纯。

[实验条件]

实验药品:苯酚水溶液(5%),乙酸乙酯,$FeCl_3$ 溶液(2%),无水硫酸镁;

实验仪器:分液漏斗,铁架台,锥形瓶,烧杯等。

[操作步骤]

(1)在分液漏斗的活塞上涂好润滑脂,塞后旋转数圈,使润滑脂均匀分布,再用小橡皮圈套住活塞尾部的小槽,防止活塞滑脱。

(2)检查分液漏斗是否漏水。

(3)关好活塞,在分液漏斗中加入 20mL 苯酚水溶液(5%),再加入 10mL 乙酸乙酯,然后塞好塞子,旋紧。

(4)先用右手食指末节将漏斗上端玻璃塞顶住,再用大拇指及食指和中指握住漏斗,用左手的食指和中指蜷握在活塞的柄上,上下轻轻振摇分液漏斗,使两相之间充分接触,以提高萃取效率。每振摇几次后,就要将漏斗尾部向上倾斜(朝无人处)打开活塞放气,以解除漏斗中的压力。

(5)如此重复至放气时只有很小压力后,再剧烈振摇 2~3min,静置,待乙酸乙酯与水分成清晰的两层后,打开上面的玻璃塞,再将活塞缓缓旋开,将下层的水溶液自活塞放出(有时在两相间可能出现一些絮状物,也应同时放去)。

(6)将上层的乙酸乙酯溶液从分液漏斗上口倒入锥形瓶(切不可从活塞放出,以免被残留在漏斗颈上的另一种液体所污染)。

(7)将水溶液倒入分液漏斗中,再用 10mL 乙酸乙酯萃取一次,合并两次的乙酸乙酯溶液。

(8)加入无水硫酸镁干燥后,水浴蒸馏,回收乙酸乙酯。

（9）烧瓶中的残留物为萃取得到的苯酚,称重,计算收率。

（10）取萃取后的下层水溶液和未萃取的苯酚水溶液各 2 滴滴于点滴板上,各加入 $FeCl_3$ 溶液（2%）1~2 滴,比较颜色深浅。

[注意事项]

（1）如果振摇力度过大,则少数物质容易产生乳化现象,静置时难以分层。这时可以延长静置时间;若是因碱性而产生乳化,可加入少量酸破坏或采用过滤方法除去;若是由于两种溶剂能部分互溶而发生乳化,可加入少量电解质,利用盐析作用加以破坏。

（2）使用低沸点易燃溶剂进行萃取操作时,应熄灭附近的明火。

（3）分液漏斗使用后,应用水冲洗干净,玻璃塞和活塞用薄纸包裹后塞回去,以防止粘结。

[思考题]

（1）萃取的原则是什么?

（2）在有机化学实验中,分液漏斗的主要用途是什么?

（3）使用分液漏斗时应注意什么? 分液漏斗使用后应该怎样处理?

（4）如何判断哪一层是有机物? 哪一层是水层?

实验 2.10 薄层色谱

[实验目的]

（1）了解薄层色谱的原理与应用;

（2）掌握薄层色谱的操作技术。

[基本原理]

薄层色谱法以薄层板作为载体,让样品溶液在薄层板上展开而达到分离的目的,故也称为薄层层析。它是快速分离和定性分析少量物质的一种广泛使用的实验技术,可用于样品精制、化合物鉴定、跟踪反应进程和柱色谱的先导（即为柱色谱摸索最佳条件）等方面。

1. R_f（比移值）的测定

R_f（比移值）表示物质移动的相对距离,即样品点到原点的距离和溶剂前沿到原点的距离之比,常用分数表示。

R_f 值与化合物的结构、薄层板上的吸附剂、展开剂、显色方法和温度等因素有关。但在上述条件固定的情况下,R_f 值对每一种化合物来说是一个特定的值。当两种化合物具有相同的 R_f 值时,在未做进一步的分析之前不能确定它们是不是同一种化合物。在这种情况下,最简单的方法就是使用不同的溶剂或混合溶剂进行进一步的检验。

2. 薄层色谱常用的吸附剂

硅胶和氧化铝是薄层色谱常用的固相吸附剂。化合物的极性越大,在硅胶和氧化铝上的吸附力越强。通常吸附剂均制成活性精细粉末,活化则是加热粉末以脱去吸附物。硅胶是酸性的,因此可以用来分离酸性或中性的化合物。

氧化铝有酸性、中性和碱性的,可以用来分离极性或非极性的化合物。商用的硅胶和氧化铝薄层板可以买到,这些薄板常用玻璃或塑料制成。溶剂在薄层板上爬升的距离越长,化合物的分离效果就越好。具有 1～2mm 厚的大板可用于 50～1000mg 样品的分离制备。

3. 样品的制备与点样

样品必须溶解在挥发性的有机溶剂中,浓度最好是 1%～2%。溶剂应具有高的挥发性以便于立即挥发。丙酮、二氯甲烷和氯仿是常用的有机溶剂。分析固体样品时,可将 20～40mg 样品溶到约 2mL 的溶剂中。在距薄层板底端 1cm 处,用铅笔画一条线,作为起点线。用毛细管(内径小于 1mm)吸取样品溶液,垂直地轻轻接触到薄层板的起点线上。样品量不能太多,否则容易造成斑点过大,互相交叉或拖尾,不能得到很好的分离效果。

4. 展开

将选择好的展开剂放在层析缸中,使层析缸内空气饱和,再将点好样品的薄层板放入层析缸中进行展开。使用足够的展开剂以使薄层板底部浸入溶剂 3～4mm。但溶剂不能太多,否则样点在液面以下会溶解到溶剂中,不能进行层析。当展开剂上升到薄层板的前沿(离顶端 5～10mm 处)或各组分已明显分开时,取出薄层板放平晾干,用铅笔划出前沿的位置后即可显色。根据 R_f 值的不同对各组分进行鉴别。

5. 显色

展开完毕,取出薄层板,划出前沿线,如果化合物本身有颜色,可直接观察其斑点;但很多有机物本身无色,可先在紫外灯下观察有无荧光斑点。第二种方法是将薄层板除去溶剂后,放在含有 0.5g 碘的密闭容器中显色来检查色点,许多化合物都能和碘形成黄棕色斑点。当然,也可在溶剂蒸发前用显色剂喷雾显色。

本实验中,用薄层色谱法分离偶氮苯的两种几何异构体。偶氮苯有顺、反两种异构体,多种情况下以反式形式存在,但在日光或紫外光的照射下,反式结构可以部分转化成顺式结构。

[**实验条件**]

实验药品:偶氮苯,无水苯,环己烷,甲苯;

实验仪器:薄层板,层析缸,254nm 紫外分析仪,紫外灯。

[**操作步骤**]

(1) 将 0.1g 反式偶氮苯溶于 5mL 无水苯中,溶液分成 2 份置于小试管中,不用时旋紧试管盖。

(2) 将一个试管置于日光下照射 1h,或用紫外灯(波长为 365nm)照射 0.5h。另一个试管用黑纸包起来以免受到阳光的照射。

（3）将 10mL 环已烷/甲苯(体积比为 9:3)加入层析缸中。

（4）在 2.5cm×7.0cm 硅胶板上离底边 1cm 处用铅笔画一条直线。

（5）用一根干净的毛细管吸取被日光或紫外光照射过的偶氮苯溶液,在薄板的铅笔线上左侧点样。

（6）另取一支干净的毛细管吸取未被日光或紫外光照射过的偶氮苯溶液,在薄板的铅笔线上距左侧点 1cm 处点样。

（7）将点好样的薄板放入层析缸中,层析缸用黑纸包起来。薄层板展开至溶剂前沿离顶部约 1cm 时结束。

（8）取出薄层板,溶剂挥发前迅速将溶剂前沿标出,然后让溶剂挥发至干。

（9）将薄层板置于紫外灯(波长为 254nm)下显色,将观察到薄板的右侧只有一个样品点,而薄板的左侧有两个样品点。

（10）计算反式和顺式偶氮苯的 R_f 值。

[注意事项]

（1）层析缸市场上可以买到。层析缸中的溶剂一般为 $2\sim3$mm 高。若无层析缸,可用小烧杯盖上玻璃板代替。

（2）薄层板市场上可以买到。国内产品一般是在玻璃板上涂布硅胶,大小约为 7.5cm×2.5cm。

（3）薄层板的制备方法有干法和湿法两种。干法制板常用氧化铝作吸附剂,湿法制板常用硅胶作吸附剂。两种方法各有优缺点,具体制备方法、注意事项及活化要求可参见相关文献。

[思考题]

（1）制备薄层板时,厚度对样品展开有什么影响?

（2）在一定操作条件下,为什么可利用 R_f 值来鉴定化合物?

（3）在混合物薄层色谱中,如何判断各组分在薄层板上的位置?

（4）两个组分 A 和 B 易用 TLC 分开,当溶剂前沿从样品原点算起,移动了 6.5cm 时,A 距原点 0.5cm,而 B 距原点 3.6cm,试计算 A 和 B 的 R_f 值。

实验 2.11　柱 色 谱

[实验目的]

（1）学习柱色谱的原理与应用;

（2）掌握柱色谱的操作技术。

[基本原理]

柱色谱有吸附色谱和分配色谱两种。吸附色谱常用氧化铝和硅胶作固定相;而分配色谱中以硅胶、硅藻土和纤维素作为支持剂(支持剂本身不起分离作用),以吸收较大量的液体作固定相。实验中最常用的是吸附色谱。

吸附柱色谱通常在玻璃管中填入表面积很大、经过活化的多孔状或粉状固体吸附剂。当待分离的混合物溶液流经吸附柱时,各种成分同时被吸附在柱的上端。当洗脱剂流下时,由于不同化合物吸附能力不同,往下洗脱的速度也不同,于是形成了不同层次,即溶质在柱中自上而下按照对吸附剂的亲和力大小分别形成若干色带,再用溶剂洗脱时,已经分开的溶质可以从柱上分别洗出收集;或将柱吸干,挤出后按色带分割开,再用溶剂将各色带中的溶质萃取出来。

1. 吸附剂

常用吸附剂有氧化铝、硅胶、氧化镁、碳酸钙和活性炭等。吸附剂一般要经过纯化和活化处理,颗粒大小应当均匀。对于吸附剂而言,粒度越小表面积越大,吸附能力就越高。但颗粒越小时,溶剂的流速太慢,因此应根据实际分离需要而定。供柱色谱使用的氧化铝有酸性、中性、碱性三种。

吸附剂的活性还取决于吸附剂的含水量,含水量越高,活性越低,吸附能力就越弱;反之则吸附能力强。吸附剂的含水量与活性等级的关系如表2-3所列。

表2-3 吸附剂的含水量与活性等级的关系

活性	I	II	III	IV	V
氧化铝含水量/%	0	3	6	10	15
硅胶含水量/%	0	5	15	25	38

2. 溶质的结构与吸附性的关系

化合物的吸附性与其极性成正比,化合物分子中含有极性较大的基团时,吸附性也较强。

各种化合物对氧化铝的吸附性按以下次序递减:酸、碱→醇、胺、硫醇→酯、醛、酮→芳香族化合物→卤代物、醚→烯→饱和烃。

3. 洗脱剂

洗脱剂的选择是重要的一环,通常根据被分离物中各化合物的极性、溶解度和吸附剂的活性等来考虑。先将要分离的样品溶于一定体积的溶剂中,选用的溶剂极性要低,体积要小。如有的样品在极性低的溶剂中溶解度很小,则可加入少量极性较大的溶剂,使溶液体积不致太大。

色层的展开首先使用极性较小的洗脱剂,使最容易脱附的组分分离。然后加入不同比例的极性溶剂配成的洗脱剂,将极性较大的化合物自色谱柱中洗脱下来。注意所用溶剂必须经过纯化和干燥,否则会影响吸附剂的活性和分离效果。

常用洗脱剂的极性按如下次序递增:己烷、石油醚←环己烷←四氯化碳←三氯乙烯←二硫化碳←甲苯←苯←二氯甲烷←氯仿←乙醚←乙酸乙酯←丙酮←丙醇←乙醇←甲醇←水←吡啶←乙酸。

色谱分离效果不仅依赖于吸附剂和洗脱剂,而且与制成的色谱柱有关:

(1) 柱中的吸附剂用量为被分离样品量的30~40倍,若需要可增至100倍。

(2) 柱高和直径之比一般是 10: 1 ~ 20: 1。

(3) 装柱有湿法和干法两种,本实验采用湿法装柱。无论采用哪种方法装柱,都不应使吸附剂有裂缝或气泡。

[实验条件]

实验药品:中性氧化铝(吸附剂),甲基橙与亚甲基蓝的混合物(样品),乙醇(95%,溶剂),水(洗脱剂);

实验仪器:如图 2 - 12 所示的实验装置。

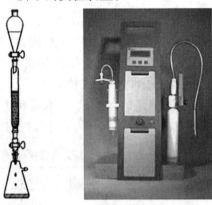

图 2 - 12　柱色谱装置及快速柱色谱仪器

[操作步骤]

(1) 装柱(湿法):关闭活塞,向柱中倒入 95% 乙醇溶剂至约为柱高的 1/4 处,再将一定量的 95% 乙醇和硅胶在烧杯内调成浆状,慢慢倒入管中,将管子下端活塞打开,使溶剂流出,控制流出速度为每秒 1 ~ 2 滴,硅胶渐渐下沉,进行均匀填料。橡皮塞轻轻敲打色谱柱下部,使填装紧密,当装柱至 3/4 时,再在上面加一片小圆滤纸。操作时一直保持上述流速,注意不能使液面低于氧化铝的上层;

(2) 样品加入:当溶剂液面刚好流至石英砂面时,立即沿柱壁加入 2mL 乙醇溶液(95%,内含 1mg 甲基橙和 5mg 亚甲基蓝),当溶液流至接近石英砂面时,加入 95% 乙醇洗脱。

(3) 洗脱:用 95% 乙醇溶液洗脱,控制流出速度流出速度为每秒 1 ~ 2 滴。整个过程都应有洗脱剂覆盖吸附剂。亚甲基蓝因极性小首先向下移动,极性较大的甲基橙则留在柱的上端,形成不同的色带。当最先下行的色带快流出时,更换另一接收瓶,继续洗脱,至滴出液近无色为止。换水作为洗脱剂,这时甲基橙向柱下部移动,用另一接收瓶收集。这样两种组分就被分开了。

[注意事项]

(1) 装柱要紧密,要求无断层、无缝隙、无气泡。但是,如果装填时过分敲击,色谱柱填装过紧,会使流速太慢。

(2) 在装柱、洗脱过程中,始终保持有溶剂覆盖吸附剂。

（3）一色带与另一色带洗脱液的接收不要交叉。

[思考题]

（1）为什么极性大的组分要用极性较大的溶剂洗脱？

（2）柱子中若有气泡或装填不均匀,将会给分离造成什么样的结果？如何避免？

（3）柱色谱所选择的的洗脱剂为什么要先用非极性或弱极性的,然后再使用较强极性的洗脱剂洗脱？

实验 2.12　纸色谱

[实验目的]

（1）了解纸色谱的原理与应用；

（2）掌握纸色谱的操作技术。

[基本原理]

纸色谱是一种分离、鉴定有机化合物的有效方法,主要用于氨基酸的分离和鉴定。纸色谱法具有样品用量少、方法简便、分离效率高、易于掌握等特点,属于分配色谱的一种,所依据的原理就是分配定律。

纸色谱是以层析滤纸作为载体,层析滤纸上吸附的水作为固定相,有机混合溶剂为流动相。点在层析滤纸上的样品组分,在密闭容器内,藉流动相通过层析滤纸上的毛细管作用,由一端流向另一端。在此过程中,各组分在固定相（水相）中被流动相（有机混合溶剂）连续不断地萃取。由于各组分在固定相和流动相中的分配系数不同,其移动速度各异,从而达到分离的目的。

纸色谱分离后各组分的位置用 R_f 值（比移值）表示。影响 R_f 值的因素很多,其中主要是化合物极性和溶解度。极性较小的物质在有机溶剂中易溶解,在滤纸上易被展开,R_f 值较大；反之,极性较大的物质难溶于有机溶剂,在滤纸上不易被展开,R_f 值较小。如三种氨基酸 R_f 值大小顺序则为:缬氨酸→丙氨酸→精氨酸。

此外,溶剂的组分和滤纸的质量等均对 R_f 值有影响。当温度、滤纸、溶剂等实验条件固定时,每种化合物具有一定 R_f 值,而不同化合物 R_f 值也不同,所以 R_f 值可作为鉴定化合物的依据。

本实验采用氨基酸的标准样品及其混合试样在同一张层析滤纸上进行层析,在相同的实验条件下,经展开剂上行展开,比较它们的 R_f 值,可达到分离和鉴定氨基酸的目的。因氨基酸本身无色,因此层析后需用茚三酮显色剂显色。

纸色谱也可用水溶性有机溶剂（如甲醇、乙醇等）作为流动相,如用乙醇:醋酸:水 =50:1:10（体积比）组成的混合溶剂作展开剂时,不必预先用水蒸气饱和滤纸形成固定相也能完成纸色谱的操作。

[实验条件]

实验药品:丙氨酸、缬氨酸的饱和异丙醇溶液及二者的混合溶液,正丁醇（展开剂），正丁醇∶甲酸∶水 = 20∶3∶2（显色剂），水合茚三酮丙酮溶液（0.5%）；

实验仪器：微量注射器，色谱用滤纸，尺子，喷雾器，吹风机，毛细管。

[操作步骤]

（1）点样：用铅笔在滤纸一端距底边 15 ~ 20mm 处轻画一平行线，在线上标出 3 个点，各点间距离为 8 ~ 10mm，并用铅笔标明各点对应样品的代号。用毛细管吸取样品溶液少许对应点进行点样，样点直径为 3mm 左右，将混合样点在中间点的位置。点好样品，风干或吹干。

（2）饱和与展开：将一点好样品的滤纸悬吊于装有展开剂的色谱缸中（图2 - 13(a)），用盖盖好。静置 20 ~ 30min（一般为 1 ~ 2h）让溶剂蒸气对滤纸进行饱和。点样端向下，将饱和后的滤纸的点样点以下垂直浸入展开剂中，盖好，展开约 1h。溶剂的前沿升到接近滤纸顶端时，取出滤纸，立即用铅笔画出溶剂前沿所在位置，吹干。

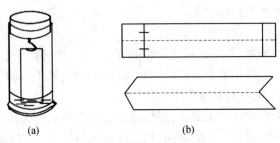

(a)   (b)

图 2 - 13　纸色谱装置及层析用纸折叠法

(a) 纸色谱装置；(b) 层析用纸折叠法。

（3）显色：用喷壶距滤纸 30 ~ 40cm 向滤纸均匀喷洒显色剂，以滤纸基本打湿为宜。然后用吹风机热风缓缓吹干并加热滤纸，直到显示出紫色斑点为止。

（4）测量 R_f 值与鉴定：用铅笔将所有斑点的轮廓描出来，并确定出各斑点的重心位置，该点即为斑点位置。分别量出点样点到溶剂前沿的距离和各斑点位置的距离，计算各斑点的 R_f 值，比较各斑点的 R_f 值大小，确定混合样点上的两个斑点各是何种物质。

[注意事项]

（1）同一毛细管只能用于一种物质的点样。

（2）不可使滤纸与溶剂接触。

[思考题]

（1）在原理和操作方法等方面，纸色谱法和薄层色谱法有哪些异同？

（2）试述茚三酮对氨基酸的显色原理及 $FeCl_3$ 对多元酚的显色原理。

第3章　有机化合物物理常数的测定

实验 3.1　熔点的测定与温度计校正

[教学目的]

(1) 了解温度计的校正方法;

(2) 了解熔点测定的基本原理及应用;

(3) 掌握熔点测定的操作方法。

[基本原理]

1. 熔点的测定

固体物质在大气压下加热融化时的温度,称为熔点。严格地讲,熔点是固体化合物在大气压下达到固液两态平衡时的温度,这时固相和液相的蒸气压相等。

纯净的固体有机化合物一般都有固定的熔点,一个纯化合物从开始熔化(初熔)至完全熔化(全熔)的温度范围叫做熔程或熔距,其熔程一般不超过 $0.5 \sim 1 ℃$。当含有杂质时,其熔点下降,熔程延长。因此,可以通过测定熔点来鉴定有机物,并根据熔程的长短来判断有机物的纯度。

如果在一定的温度和压力下,将某物质的固液两相置于同一容器中,将可能发生三种情况:①固相迅速转化为液相;②液相迅速转化为固相;③固相与液相并存。

图 3-1 是温度与蒸气压曲线。其中,图(a)固体的蒸气压随温度升高而增大;图(b)液体的蒸气压随温度升高而增大;图(c)表示(a)与(b)的加合,两曲线相交于 M 处,此时固液两相同时并存,所对应的温度 T_M 即为该物质的熔点;图(d)当含有杂质时,固液两相交点 M_1 即代表含有杂质化合物达到熔点时的固液相平衡共存点,T_{M1} 为含杂质时的熔点。

熔点测定是有机化学实验中重要的基本操作之一,对有机化合物的研究具有实用价值。目前测定熔点的方法以毛细管法较为简便,应用也较广泛。

2. 温度计校正

测定有机化合物熔点时,温度计上显示的熔点与真实熔点温度间常有一定的偏差,这是由于温度计的误差所引起的。产生误差可能的原因包括:

(1) 温度计毛细管孔径不均匀,刻度不准确。温度计有全浸式和半浸式两种,全浸式温度计的刻度是在温度计汞线全部均匀受热的情况下刻出来的,而测熔点时仅有部分汞受热,因而露出的汞线较全部受热时低。

(2) 温度计长期在过高或过低温度下使用,使玻璃发生变形。

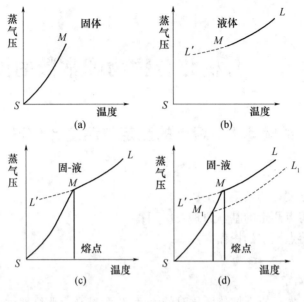

图 3-1 温度与蒸气压曲线

温度计校正的方法通常有两种：

1）以纯有机化合物的熔点为标准

选择数种已知熔点的纯有机化合物，测定其熔点，以实测熔点的温度作横坐标，与已知熔点的差数为纵坐标，画出校正曲线，从图中可以找到任一温度时的校正误差值。

2）与标准温度计比较

把标准温度计与被校正的温度计平行放在热浴中，缓慢均匀加热，每隔 5℃ 分别记下两支温度计的读数，标出偏差量 Δt。以被校正温度计的温度作为纵坐标，Δt 为横坐标，画出校正曲线以供校正使用。

本实验采用毛细管法进行温度计的校正以及未知化合物熔点的测定。

[实验条件]

实验药品：冰水（m.p. 0℃），二苯胺（m.p. 53℃），萘（m.p. 80.55℃），尿素（m.p. 135℃），水杨酸（m.p. 159℃），苯甲酸，乙酰苯胺；

实验装置：齐氏熔点测定器（图 3-2）。

[操作步骤]

（1）制备熔点管。熔点管的制备参见实验 2.2"配塞及简单玻璃加工操作"。

（2）装入样品。将少许研细的样品置于洁净的表面皿，用玻璃棒将其集成一堆。把毛细管开口一端垂直插入样品中，使样品进入管内，然后把毛细管垂直在桌面上轻轻上下振动，使样品进入管底，再用力在桌面上下振动，使样品装得紧密；或将装有样品的毛细管管口向上，放入长约 60cm 垂直于桌面的玻璃管中（管下可垫

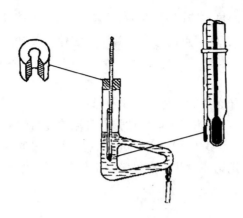

图 3-2 齐氏熔点测定器

一表面皿),使之从高处落下,如此反复几次后,可把样品装实,样品高度 2~3mm。熔点管外的样品粉末要擦干净以免污染热浴液体。

(3) 热浴的选择与仪器装配。根据样品的熔点选择合适的加热浴液:加热温度在 140℃ 以下时,可选用液体石蜡或甘油;温度低于 220℃ 时可选用浓硫酸。向齐氏熔点测定器中加入浴液至支管之上 1cm 处,然后固定在铁架台上。

(4) 校正温度计。将已知的样品置于热浴液中,测定其熔点,将测定值与文献值进行对照,其差值即为校正系数。

(5) 未知物熔点的粗测。对于未知物,应先粗测一次。粗测加热可稍快,升温速率为 5~6℃/min,达到样品熔化时,记录熔点的近似值。

(6) 未知物熔点的精测。待热浴温度降至粗测熔点约 30℃ 以下,换一根样品管,以 5℃/min 的速度慢慢加热,当达到粗测熔点下约 15℃ 时,以 1~2℃/min 升温,在接近熔点时,以 0.2~0.3℃/min 升温,当毛细管中样品开始塌落和有湿润现象,并出现下滴液体时,表明样品已开始熔化,记录下初熔温度,继续微热至样品变成透明液体,记录下全熔温度。重复测试两次(用新的熔点管另装样品)。

[注意事项]

(1) 样品要研细、装实,使热量传导迅速均匀。样品高度 2~3mm,沾附于管外粉末必须擦去,以免污染加热浴液。

(2) 控制升温速度,开始稍快,接近熔点时渐慢。纯化合物的初熔—全熔过程一般很短,有时只能读到一个数。

(3) 毛细管底部应位于温度计水银球中部,用橡皮圈或线绳将毛细管固定在温度计上,橡皮圈不能浸入浴液;用齐氏熔点测定器时,温度计的水银球应处于两侧的中部,不能接触管壁。

(4) 熔点测定可能产生误差的因素:①熔点管不洁净;②熔点管底未封好而产生漏管。检查是否为漏管的方法为:当装好样品的毛细管浸入浴液后,发现样品变黄或管底渗入液体,说明为漏管,应另换一根。

(5) 使用硫酸作加热浴液(加热介质)要特别小心,不能让有机物碰到浓硫酸,否则使溶液颜色变深,有碍熔点的观察。若出现这种情况,可加入少许硝酸钾晶体共热后使之脱色。

[思考题]

(1) 熔点测定有什么意义?影响因素有哪些?

(2) 接近熔点时,升温速度为何要放慢?升温速度过快有什么后果?

(3) 三种熔点范围为149～150℃的样品,用什么方法可判断是否为同一物质?

(4) 是否可以使用第一次测熔点时已经熔化的有机化合物作为第二次测定的样品?为什么?

实验 3.2　沸点的测定

[教学目的]

(1) 了解沸点测定的原理和意义;

(2) 掌握沸点测定的操作技术。

[基本原理]

液体由于分子运动有从表面逸出的倾向,这种倾向随着温度的升高而增大,进而在液面上部形成蒸气。当分子由液体逸出的速度与分子由蒸气回到液体的速度相等时,液面上的蒸气达到饱和,称为饱和蒸气。它对液面所施加的压力称为饱和蒸气压。实验证明,液体的蒸气压只与温度有关,即液体在一定温度下具有一定的蒸气压。

当液体蒸气压增大到与外界施于液面总压力(通常是大气压力)相等时,就有大量气泡从液体内部逸出,液体沸腾。这时的温度称为液体的沸点。通常所说沸点是指在101.3kPa下液体沸腾时的温度。在一定外压下,纯液体有机化合物都有一定的沸点,而且沸点距很小(0.5～1℃)。所以测定沸点是鉴定有机化合物和判断物质纯度的依据之一。

测定沸点常用方法有常量法(蒸馏法)和微量法(沸点管法)两种。本实验采用微量法测定无水乙醇的沸点。

[实验条件]

实验药品:无水乙醇;

实验仪器:b形管,温度计,酒精灯,沸点管。

[操作步骤]

(1) 制备沸点管。沸点管由外管和内管组成,外管用长7～8cm、内径2～3mm的玻璃管将一端烧熔封口制得,内管用毛细管截取3～4cm封其一端而成。测量时将内管开口向下插入外管中。沸点管的制备参见实验2.2"配塞及简单玻璃加工操作"。

（2）安装实验装置。按图 3 - 3 所示安装实验装置，取 1 ~ 2 滴待测样品滴入沸点管的外管中，将内管插入外管中，然后用小橡皮圈把沸点管固定于温度计旁，再把该温度计的水银球置于 b 形管两支管中间。

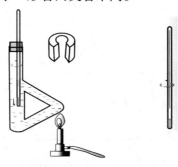

图 3 - 3　沸点测定装置

（3）测定沸点。用酒精灯缓慢加热。由于气体膨胀，内管中会有小气泡缓缓逸出，当温度升到比沸点稍高时，管内会有一连串小气泡快速逸出。

停止加热，使溶液自行冷却，气泡逸出速度即渐渐减慢，在最后一气泡不再冒出并要缩回内管的瞬间记录温度，此时的温度即为该液体的沸点。

（4）平行实验。待温度下降 15 ~ 20℃ 后，可重新加热再测一次。注意两次所得温度数值不得相差 1℃。按照上述方法测定无水乙醇的沸点（79℃）。

[注意事项]

（1）升温速度不宜过快，让热传导有充分时间。升温速度过快，沸点偏高。

（2）沸点管壁太厚，热传导时间长，沸点偏高。

（3）微量法测定时，观察最后一个气泡缩回时的温度应准确。

（4）每只毛细管只可用于一次测定。

（5）挥发性有机液体易燃，加热时应十分小心。

[思考题]

（1）如果毛细管没有密封，会出现什么情况？

（2）橡皮圈要位于什么位置？为什么？

实验 3.3　折光率与旋光度的测定

[教学目的]

（1）学习有机物折光率的测定；

（2）掌握使用旋光仪来测定物质的旋光度；

（3）学习比旋光度的计算。

[基本原理]

1. 折光率

折光率是液体化合物的一个物理常数。通过测定折光率可以判断有机化合物的纯度和鉴定未知物。

光在不同的介质中传播的速度是不同的。光从介质 A(空气)射入介质 B 时，入射角 α 与折射角 β 的正弦之比称为折光率(n)，如图 3-4 所示。

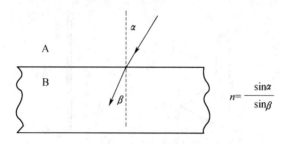

$$n = \frac{\sin\alpha}{\sin\beta}$$

图 3-4　光通过界面时的折射

对于一个确定的化合物，其折光率常受温度和光线波长两个因素影响。所以表示折光率时必须注明测定时的温度和光线波长。

一般以钠光作为光源(波长为 589nm，以 D 表示)，在 20℃ 时测定化合物的折光率，故折光率表示为

$$n_{20}\Omega_0^{D} = 1.4892$$

一般温度升高 1℃，液体化合物的折光率降低 $3.5 \times 10^{-4} \sim 5.5 \times 10^{-4}$。为了便于不同温度下折光率换算，一般采用 4.5×10^{-4} 为温度常数，进行粗略计算：

$$n_{correct} = n_{observed} + 0.00045 \times (t - 20.0)$$

式中：t 为测量时的温度。

液体化合物的折光率测定一般采用阿贝尔折光仪，其组成如图 3-5 所示。

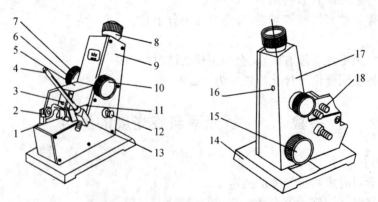

图 3-5　阿贝尔折光仪的结构图

1—反射镜；2—转轴；3—遮光板；4—温度计；5—进光棱镜座；6—色散调节手轮；
7—色散值刻度圈；8—目镜；9—盖板；10—手轮；11—折射棱镜座；12—照明刻度盘镜；
13—温度计座；14—底座；15—刻度调节手轮；16—小孔；17—壳体；18—恒温器接头。

2. 旋光度

有些化合物具有使平面偏振光发生偏转的性质,这一类化合物被称为光学活性化合物。旋光仪是测定光学活性化合物的唯一手段,其结构如图3-6所示。

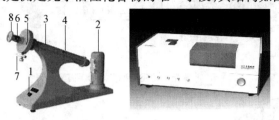

图3-6　旋光仪的结构图与数字式旋光仪

1—电源开关;2—钠光源;3—镜筒;4—镜筒盖;5—刻度游盘;

6—视度调节螺旋;7—刻度盘转手动手轮;8—目镜。

旋光仪的基本工作原理如图3-7所示。

光具有波动性,其波动性的主要表现之一就是可发生偏振。无论是普通光或单色光都存在与光线行进方向成直角关系的无数平面内振动,如图3-7(a)所示。

假如在普通光和光屏之间加入一块起偏振器,这时起偏振器只允许振动平面与其晶轴平行的偏振光通过,在光屏上形成光斑,如图3-7(b)所示。

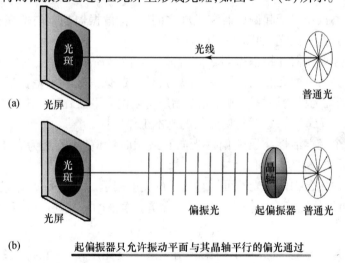

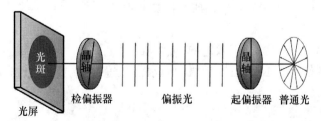

65

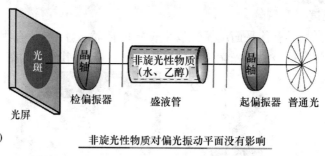

(d)　　　　　　非旋光性物质对偏光振动平面没有影响

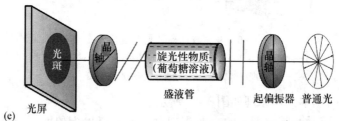

(e)　　　　旋光性物质使偏光平面旋转一定角度 α(旋光度)

图 3 - 7　旋光仪的工作原理

　　当将检偏振器置于起偏振器和光屏之间时,检偏振器晶轴与偏振光振动平面平行时可检测到偏振光,如图 3 - 7(c)所示。

　　假如在起偏振器和检偏振器之间置非旋光性物质(如乙醇、水等),非旋光性物质对偏光振动平面无影响(图 3 - 7(d));若在起偏振器和检偏振器之间置入旋光性物质(如葡萄糖溶液等),则旋光性物质将使偏光平面旋转一定的角度 α,称为旋光度(图 3 - 7(e))。这就是旋光仪的基本工作原理。

　　如果一个光学活性物质使偏振光向右或顺时针偏转,称之为右旋化合物,用"+"表示;反之,称为左旋化合物,用 - 表示。

　　光学活性化合物的旋光性可用它的比旋光度表示。比旋光度是物质的特性常数,通过它可以检定旋光性物质的纯度和含量。溶液的比旋光度按下式计算:

$$[\alpha]_\lambda^t = \alpha/(L \cdot c)$$

式中:$[\alpha]_\lambda^t$ 为某温度、某波长下的比旋光度;α 为旋光度;L 为样品管长度,dm;c 为溶液浓度,单位为每 100mL 溶剂所含样品的克数。

[实验条件]

　　实验药品:无水丙酮,无水乙醇,蔗糖等;

　　实验仪器:阿贝尔折光仪,超级恒温水浴装置,旋光仪(带测定管),玻璃棒,胶头滴管,量筒。

[操作步骤]

1. 折光率的测定

　　(1) 开启恒温水浴,通入恒温水(一般为 20℃ 或 25℃)。

66

（2）当恒温后，松开锁钮，开启下面棱镜，使其镜面处于水平位置，滴1~2滴乙醇或甲醇于镜面上，合上镜面约20s，打开棱镜，用丝巾或擦镜纸轻轻擦拭镜面，确保镜面的整洁。

（3）轻轻打开棱镜，用滴管将2~3滴待测液均匀地滴在下面的棱镜磨砂面上，要求液体无气泡并充满视场，关紧棱镜（若测定易挥发样品，可用滴管从棱镜间小槽滴入）。

（4）调节反光镜，使镜筒视场最亮。

（5）旋转棱镜转动手轮，使在目镜中观察到明暗分界线。若出现色散光带，可调节消色散棱镜手轮，使明暗清晰，然后再旋转棱镜转动手轮，使明暗分界线恰好通过目镜中"＋"字交叉点，如图3-8所示。记录从镜筒中读取的折光率，读至小数点后4位，同时记下温度。

图3-8　阿贝尔折光仪中明暗分界视场示意图

（6）按照上述步骤测定无水丙酮和无水乙醇折光率，分别各测3次，取平均值，并记录测定温度。

（7）仪器用毕后洗净两镜面，晾干后合紧镜面，用仪器罩盖好。

2．旋光度的测定

（1）仪器的启动：打开电源开关，经5min钠光灯预热，使之发光稳定；打开直流开关（若直流开关扳上后，钠光灯熄灭，则再将直流开关上下重复扳动1~2次，使钠光灯在直流下点亮为正常）。

（2）仪器调零与校正：打开示数开关，调节零位手轮，使旋光示值为零；然后将装有蒸馏水或其他空白溶剂的试管放入样品室，盖上箱盖，按下复测开关，使显示归零，重复3次。

（3）装待测溶液：选取适当测定管，洗净后用少量待测液润洗2~3次，然后注入待测液，将玻璃盖沿管口边缘平推盖好，装上橡皮圈，旋上螺帽至不漏水。

（4）样品的测试：按相同的位置和方向放入样品室内，盖好箱盖。逐次按下复测按钮，重复读几次数，取平均值作为样品的测定结果；按照上述步骤分别测试不同浓度蔗糖溶液的旋光度，并计算比旋光度。

（5）仪器的关闭：使用完毕，应依次关闭示数、直流、电源开关。

［注意事项］

1．折光率的测定

（1）要特别注意保护棱镜镜面，滴加液体时防止滴管口划镜面。

（2）每次擦拭镜面时,只许用擦镜头纸轻擦;测试完毕,要用丙酮洗净镜面,待干燥后才能合上棱镜。

（3）不能测量带有酸性、碱性或腐蚀性的液体。

（4）测量完毕,拆下连接恒温槽的胶皮管,棱镜夹套内的水要排尽。

2. 旋光度的测定

（1）样品管的长度不同,计算浓度时应仔细核对。

（2）样品管中光路通过部分不能有气泡。

（3）试管安放时应注意标记的位置和方向。示数盘将转出该样品的旋光度;示数盘上红色示值为左旋(-),黑色示值为右旋(+)。

[思考题]

（1）旋光度测定实验中,若样品管中光路通过的部分含有气泡,会对实验结果产生怎样影响?

（2）测定有机化合物折光率的意义何在?

第4章　有机化合物的合成实验

实验4.1　取代反应:正溴丁烷的制备

[教学目的]

(1) 学习利用取代反应制备正溴丁烷的原理与方法;

(2) 复习带有吸收有害气体装置的回流加热操作;

(3) 熟练掌握常压蒸馏、液体干燥、洗涤等操作技术。

[基本原理]

正溴丁烷(1 - Bromobutane)是一种饱和一元溴代烃,外观为无色液体,不溶于水,但可溶于乙醇和乙醚,其分子式为 $CH_3(CH_2)_3Br$,沸点为 101.6℃,密度为1.2758g/mL。正溴丁烷可用作溶剂、有机合成时的烷基化剂及中间体、塑料紫外线吸收剂及增塑剂的原料、医药原料和其他有机合成原料等。

实验室常采用醇与 HX 反应制备卤代烷 RX,根据醇结构的不同,反应存在两种不同的机理。叔醇按 S_N1 机理,而伯醇主要按双分子亲核取代 S_N2 机理进行。本实验由正丁醇与氢溴酸反应制得正溴丁烷。

由于氢溴酸是一种极易挥发的无机酸,无论是液体还是气体的刺激性都很强,所以实验中氢溴酸由溴化钠和硫酸作用产生。为了防止氢溴酸外逸,需要在反应装置中加入气体吸收装置。实际上,该反应为可逆反应,为了提高产率,一般采用硫酸过量,一方面将使其产生更高浓度的氢溴酸,加速反应进行,从而起到平衡向右移动的作用;另一方面可将反应生成的水质子化,有效地阻止逆反应的进行。但是,硫酸的存在会使醇脱水而生成烯烃和醚,因此实验中需要严格地控制反应条件。实验的主反应如下所示:

$$NaBr + H_2SO_4 \longrightarrow HBr + NaHSO_4$$

$$n - C_4H_9OH + HBr \overset{\triangle}{\rightleftharpoons} n - C_4H_9Br + H_2O$$

实验中可能发生的副反应如下:

$$CH_3CH_2CH_2CH_2OH \xrightarrow[\triangle]{H_2SO_4} CH_3CH_2CH=CH_2 + CH_3CH=CHCH_3$$

$$2CH_3CH_2CH_2OH \xrightarrow[\triangle]{H_2SO_4} CH_3CH_2CH_2CH_2OCH_2CH_2CH_2CH_3$$

[实验条件]

实验药品:正丁醇,无水溴化钠,浓硫酸,无水氯化钙,饱和碳酸氢钠溶液;

69

实验仪器:圆底烧瓶,蒸馏头,球形冷凝管,直形冷凝管,电热套,温度计,分液漏斗,玻璃棒,电子天平。

[操作步骤]

(1)在50mL圆底烧瓶中加入10mL水,慢慢加入12mL浓硫酸。

(2)混合均匀并冷却至室温后,依次加入7.5mL正丁醇和10g溴化钠,充分振荡后加入几粒沸石。

(3)装上回流冷凝管,在冷凝管上端接一气体吸收装置,用氢氧化钠水溶液作吸收剂,按图4-1所示安装实验装置。

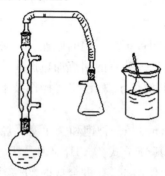

图4-1 反应装置图

(4)用电热套加热回流混合物30min,此过程中要经常摇动烧瓶。

(5)冷却后改成蒸馏装置,用电热套加热蒸馏混合物至馏出液完全溶于水(或变为澄清)。

(6)将馏出液小心转入分液漏斗中,用10mL水洗涤,静置分层后将有机层转入另一干燥的分液漏斗中,有机层用5mL浓硫酸洗涤,尽量分去硫酸层。

(7)有机层依次用10mL水、饱和碳酸氢钠溶液和水洗涤后将产物移入干燥的小三角烧瓶中,加入少量无水氯化钙干燥,间歇摇动,直至液体透明。

(8)将干燥后的产物小心转入到一个干燥的蒸馏烧瓶中,用电热套加热蒸馏收集99~103℃的馏分。称重产物,计算产率。

[注意事项]

(1)在加料和反应过程中需经常振摇烧瓶,否则将影响反应的产率。

(2)第(5)步操作中,在试管中加入0.5mL水,收集1滴馏出液,检验是否溶于水,从而判断反应是否完全。

(3)仔细判断哪一层为有机层,正溴丁烷密度1.27g/mL。

(4)在后处理过程中,经历5次洗涤,为保证不将产物丢弃,需将每次分层后的液体保留并作好标记,直至反应结束后再丢弃。

(5)干燥剂的用量要合理。

(6)本实验正溴丁烷的产量为6~7g,产率约52%。

[思考题]
（1）本实验应根据哪种药品的量计算理论产量？
（2）浓硫酸浓度太高或太低对实验有何影响？
（3）本实验在回流冷凝管上为何要采用吸收装置？吸收什么气体？还可用什么液体来吸收？
（4）洗涤、提纯中各步洗涤的目的何在？

实验 4.2　取代反应：溴乙烷的制备

[教学目的]
（1）学习以结构上相对应的醇为原料制备一卤代烷的原理和方法；
（2）掌握低沸点蒸馏的基本操作和分液漏斗的使用。

[基本原理]
溴乙烷（Bromoethane）是一种无色液体，其分子式为 C_2H_5Br，有类似乙醚的气味和灼烧味，能与乙醇、乙醚、氯仿和多数有机溶剂混溶。溴乙烷的凝固点为 $-119℃$，沸点为 $38.4℃$，露置空气或见光逐渐变为黄色。溴乙烷主要用于有机合成中的乙基化剂、溶剂和致冷剂等。

实验室中溴乙烷是由乙醇与溴化钠、浓硫酸共热而制得。反应的方程式如下：

主反应

$$NaBr + H_2SO_4 \rightarrow HBr + NaHSO_4$$
$$CH_3CH_2OH + HBr \rightarrow CH_3CH_2Br + H_2O$$

副反应

$$2CH_3CH_2OH \rightarrow CH_3CH_2OCH_2CH_3 + H_2O$$
$$CH_3CH_2OH \rightarrow CH_2CH_2 + H_2O$$
$$2HBr + H_2SO_4 \rightarrow Br_2 + 2H_2O$$

[实验条件]
实验药品：乙醇（95%），无水溴化钠，浓硫酸，饱和亚硫酸氢钠；
实验仪器：圆底烧瓶，直形冷凝管，接引管，温度计，蒸馏头，分液漏斗，锥形瓶，电子天平，电热套。

[操作步骤]
（1）投料：在 100mL 圆底烧瓶中加入 9mL 水，慢慢加入 19mL 浓硫酸，混合均匀，冷却至室温后依次加入 10mL 乙醇（95%）和 15g 研细的溴化钠，充分振荡后加入几粒沸石。

（2）以电热套为热源，冷凝管下端连接接引管，接引管的支管用橡皮管导入下水道或室外。溴乙烷沸点很低，极易挥发。为了避免损失，在接收器中加入冷水及 5mL 饱和亚硫酸氢钠溶液，置于冰水浴中冷却，并使接收管的末端刚浸没在水溶液中

（图 4 - 2）。

（3）开始缓慢加热，使反应液微微沸腾，反应平稳进行，直到无溴乙烷流出为止（随反应进行，反应混合液开始有大量气体出现，此时一定控制加热强度，不要造成暴沸，然后固体逐渐减少，当固体全部消失时，反应液变得黏稠，然后变成透明液体（已接近反应终点））。用盛有水的烧杯检查有无溴乙烷流出。

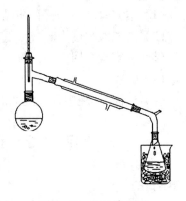

图 4 - 2　反应装置图

（4）待反应完成后，将产品和水倒入分液漏斗中，静置分层后，将粗产物放入 50mL 锥形瓶中，并在冰水浴体系中逐滴加入浓硫酸 1 ~ 2mL，当上层产物由乳白色变为透明液体时，再用分液漏斗分去硫酸。

（5）精制：粗产物移至小蒸馏瓶中，水浴加热蒸馏，收集 37 ~ 40℃的馏分。

（6）称重，计算产率。

[注意事项]

（1）硫酸在反应中与溴化钠作用生成氢溴酸，氢溴酸与乙醇作用发生取代反应生成溴乙烷。硫酸用量和浓度过大，会加大副反应进行；若硫酸用量和浓度过小，不利于主反应的发生。

（2）投料时应严格按要求的顺序；投料后，一定要混合均匀。

（3）反应时，保持反应平稳进行，控制馏出速度。

（4）分离粗产物时，注意正确判断产物的上下层关系。

（5）注意对粗、精产品的冷却操作。

[思考题]

（1）溴乙烷沸点低（38.4℃），实验中采取了哪些措施减少溴乙烷的损失？

（2）溴乙烷的制备中，浓 H_2SO_4 洗涤的目的何在？

（3）已学过的卤代烃的制备方法有哪些？

（4）合成溴乙烷时，加水的目的是什么？

实验 4.3　脱水反应：环己烯的合成

[教学目的]

（1）学习醇分子内脱水制备环己烯的原理和方法；

（2）复习分馏原理及分馏柱的使用方法；

（3）巩固水浴蒸馏的基本操作。

[基本原理]

烯烃（Alkene）是指含有 C == C 键（碳—碳双键）的碳氢化合物，属于不饱和烃，分为链烯烃与环烯烃。按含双键的多少分别称单烯烃、二烯烃等。只有一个双键的简单烯烃组成由通式 C_nH_{2n}（其中 $n \geqslant 2$）代表的同系物。

烯烃的物理状态决定于其分子质量。简单的烯烃中，乙烯、丙烯和丁烯是气体，含有 5～16 个碳原子的直链烯烃是液体，更高级的烯烃则是蜡状固体。烯烃为非极性化合物，其唯一的分子间作用力为分散力，因此烯烃不溶于水，但可溶于四氯化碳等有机溶剂。

烯烃是重要的有机化工原料。工业上主要通过石油裂解方法制备烯烃，有时也利用醇在氧化铝等催化剂作用下进行高温催化脱水来制取。实验室中通常采用浓硫酸或浓磷酸做催化剂使醇脱水或卤代烃在醇钠作用下脱卤化氢来制备烯烃。

环己烯，分子式为 C_6H_{10}，是一种易燃的有刺激性气味的无色液体，主要用于有机合成、油类萃取及用作溶剂。本实验采用浓硫酸做催化剂使环己醇脱水制备环己烯，反应式如下：

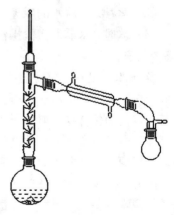

醇的脱水是在强酸催化下的单分子消除反应，酸使醇羟基质子化，使其易于离去而生成正碳离子，后者再失去一个质子，生成烯烃。

[实验条件]

实验药品：环己醇，浓硫酸，氯化钠，无水氯化钙，碳酸钠溶液（5%）；

实验仪器：圆底烧瓶，分馏柱，直形冷凝管，蒸馏头，接引管，分液漏斗，锥形瓶，电热套，电子天平。反应装置如图 4-3 所示。

[操作步骤]

（1）投料：在 50mL 干燥的圆底烧瓶中加入 15g 环己醇、1mL 浓硫酸和几粒沸石，充分摇振使之混合均匀。

（2）加热回流、蒸出粗产物：将烧瓶在电热套中缓缓加热至沸腾，控制分馏柱顶部的溜出温度不超过 90℃，馏出液为带水的混浊液，当烧瓶中只剩下很少残液并出现阵阵白雾时，即可停止蒸馏。

（3）分离并干燥粗产物：将馏出液用氯化钠饱和盐析，然后加入 3～4mL 碳酸钠溶液（5%）中和微量的酸。将液体转入分液漏斗中，振摇（注

图 4-3 反应装置图

意放气）后静置分层，打开上口玻塞，再将活塞缓缓旋开，下层液体从分液漏斗的活塞放出，产物从分液漏斗上口倒入一干燥的小锥形瓶中，用 1～2g 无水氯化钙干燥 30min。

（4）蒸出产品:待溶液清亮透明后,小心倒入干燥的烧瓶中,投入几粒沸石后用水浴蒸馏,收集80~85℃的馏分于一个已称量的小锥形瓶中。

[注意事项]

（1）本反应是可逆的,故采用在反应过程中将产物从反应体系分离出来的办法,促使反应向正反应方向移动,提高产物的产率。

（2）为了使产物以共沸物的形成分出反应体系,又不夹带原料环己醇,实验采用分馏装置作为反应装置。

（3）投料时应先投环己醇,再投浓硫酸;投料后,一定要混合均匀。

（4）加热一段时间后,再逐渐蒸出产物,控制柱顶的温度低于90℃。

（5）在蒸馏已干燥的产物时,蒸馏所用仪器都应充分干燥。

[思考题]

（1）环己醇在酸催化下生成环己烯时,可能生成哪些副产物? 在分离过程中如何除去?

（2）醇类的酸催化脱水的反应机理是什么?

（3）若需制备1g左右的环己烯,预算原料及试剂的大致用量。

（4）在粗制的环己烯中加入精盐,使水层饱和的目的是什么?

实验4.4 脱水反应:正丁醚的制备

[教学目的]

（1）掌握醇分子间脱水制备醚的反应原理和方法;

（2）学习共沸脱水的原理;

（3）掌握分水器的实验操作。

[基本原理]

醚(Ether)是具有醚官能团的一类有机化合物。醚官能团是由一个氧原子连接两个烷基或芳基所形成,其通式为 R－O－R,也可看作是醇或酚羟基上的氢被烃基所取代的化合物。醚分子不能互相形成氢键,因此它们具有和醇类相比较低的沸点。醚具有微弱的极性,极性不如醇、酯与酰胺类化合物,但是强于烯烃的极性。醚氧原子的孤电子对使它有可能与水分子形成氢键。

醇分子间脱水是制备单纯醚的常用方法。本实验采用浓硫酸催化正丁醇进行分子间脱水制备正丁醚。正丁醚(Butyl ether),是一种性状为透明液体的有机物,具有类似水果的气味,微有刺激性,可用作溶剂、电子级清洗剂、有机合成上游原料。

在制备正丁醚时,因原料正丁醇和产物正丁醚的沸点都较高,故可使反应在装有分水器的回流装置中进行,控制加热温度,并将生成的水和水的共沸物不断蒸出,使反应平衡向生成产物的方向移动。反应方程式如下所示:

主反应

$$2CH_3CH_2CH_2CH_2OH \xrightarrow[\quad]{H_2SO_4,135℃} (CH_3CH_2CH_2CH_2)_2O + H_2O$$

副反应

$$CH_3CH_2CH_2CH_2OH \xrightarrow[\quad]{H_2SO_4,>135℃} CH_3CH_2CH = CH_3 + H_2O$$

[实验条件]

实验药品:正丁醇,浓硫酸,硫酸(50%),无水氯化钙;

实验仪器:三口烧瓶,电热套,球形冷凝管,分水器,蒸馏装置,分液漏斗。反应装置如图 4-4 所示。

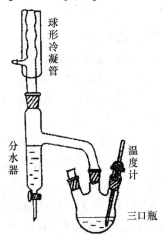

图 4-4　反应装置图

[操作步骤]

(1) 在 100mL 的三口烧瓶中,加入 12.5g (15.5mL)正丁醇和约 4g(2.2mL)浓硫酸,摇动使其混合均匀,并加入几粒沸石。

(2) 在三口烧瓶的一瓶口装上温度计,另一瓶口装上分水器,分水器上端接回流冷凝管。

(3) 在分水器中放置(V-2)mL 水,然后将烧瓶在电热套上加热回流。

(4) 继续加热到瓶内温度升高到 134 ~ 135℃（约需 20min）。待分水器已全部被水充满时,表示反应已基本完成。

(5) 冷却反应物,连同分水器里的水一起倒入内盛 25mL 水的分液漏斗中,充分振摇,静止,分出产物粗制正丁醚。

(6) 用两份 8mL 硫酸(50%)洗涤两次,再用 10mL 水洗涤一次,然后用无水氯化钙干燥。

(7) 干燥后的产物倒入蒸馏烧瓶中,蒸馏收集 139 ~ 142℃间的 馏分,产量 5 ~ 6g,产率约为 50%。

[注意事项]

(1) 醇与 H_2SO_4 应先混合均匀,否则加热后会变黑。

(2) 反应开始回流时,因为有恒沸物的存在,温度不可能马上达到 135℃。但随着水被蒸出,温度逐渐升高,最后达到 135℃以上,即应停止加热。如果温度升得太高,反应溶液会炭化变黑,并有大量副产物丁烯生成。

(3) 操作步骤(3)中,V 为分水器体积,本实验根据理论计算,失水体积为 1.52mL,实际分出的水的体积大于计算量,故分水器放满水后需先分掉约 2mL 水。

(4) 分水器内可使用饱和食盐水,以减少正丁醇和正丁醚的溶解度。

[思考题]

(1) 如何判断反应已经比较完全?

（2）反应物冷却后为什么要倒入水中？精制时,各步洗涤的目的何在？

（3）能否采用本实验方法,由乙醇和2-丁醇制备乙基仲丁基醚？

（4）实验中使用分水器的目的是什么？

实验 4.5　酰基化反应:乙酰苯胺的制备

[实验目的]

（1）掌握有机合成中易反应基团的保护方法;

（2）掌握酰化反应的原理和酰化剂的使用;

（3）复习巩固重结晶等操作。

[基本原理]

芳胺的酰化在有机合成中有着重要的作用。作为一种保护措施,一级和二级芳胺在合成中通常被转化为其乙酰衍生物,以降低芳胺对氧化剂的敏感性,使其不被反应试剂破坏。同时,氨基经酰化后,降低了氨基在亲电取代反应(特别是卤化)中的活化能力,使其由很强的第Ⅰ类定位基变成中等强度的第Ⅰ类定位基,反应由多元取代变为有用的一元取代。同时,由于乙酰基的空间效应,往往选择性地生成对位取代产物。

在某些情况下,酰化可以避免氨基与其他官能团或试剂间发生不必要的反应。在合成的最后步骤,氨基很容易通过酰胺在酸碱催化下水解被重新产生。

芳胺可与酰氯、酸酐或冰醋酸共热来进行酰化,其中冰醋酸作为试剂原料易得,价格便宜,但需要较长的反应时间,适合于规模较大的制备。本实验通过苯胺与冰醋酸反应制备乙酰苯胺。

乙酰苯胺,分子式为 $CH_3CONHC_6H_5$,白色有光泽鳞片状结晶或粉末,溶于水、乙醇,微溶于乙醚、苯。乙酰苯胺的自燃点为546℃,碱性很弱,遇酸或碱性水溶液易分解成苯胺及乙酸。乙酰苯胺可作为双氧水的抑制剂,染料及染料中间体合成等。

实验反应方程式如下:

[实验条件]

实验药品:苯胺,冰醋酸,锌粉;

实验仪器:圆底烧瓶,锥形瓶,电热套,分馏柱,直形冷凝管,电子天平。

[操作步骤]

（1）量取10mL苯胺,倒入圆底烧瓶中,加入17mL冰醋酸、0.1g锌粉和几粒沸石。

（2）在圆底烧瓶上装置一分馏柱,插上温度计,接上冷凝管,用一个50mL锥形

76

瓶或小烧瓶作接收器,安装成如图4-5所示的分馏反应装置。

（3）用电热套缓慢加热至沸腾,保持反应混合物微沸约10min(注:暂时不要有馏分蒸出状态),然后逐渐升温,保持蒸馏的温度在105℃左右(即温度计读数在105℃左右)。反应生成的水及少量冰醋酸可被蒸出。

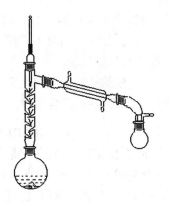

图4-5 反应装置图

（4）反应经1h后结束。搅拌下趁热将反应物倒入盛有250mL冷水的烧杯中,剧烈搅拌,乙酰苯胺生成。

（5）用布氏漏斗减压抽滤,用少量冷水洗涤,然后用水重结晶,产物在80℃干燥。

（6）称重,计算产率。

[注意事项]

（1）苯胺有毒,能经皮肤被吸收,使用时需小心。

（2）加入少量锌粉的目的是防止苯胺在反应过程中被氧化。但必须注意,不能加得过多,否则在后处理中会出现不溶于水的氢氧化锌。

（3）保持蒸馏的温度在105℃左右,是为了尽量除去反应中生成的水,防止原料冰醋酸被蒸出。

（4）久置的苯胺颜色会变深,使用前最好减压蒸馏,因为有色杂质会影响乙酰苯胺的质量。

（5）本实验获得约10g产品,产率为61%~68%。

[思考题]

（1）假设用8mL苯胺和9mL乙酸酐制备乙酰苯胺,哪种试剂是过量的? 乙酰苯胺理论产量是多少?

（2）为什么要控制冷凝管上端的温度在105℃?

（3）用苯胺做原料进行苯环上一些取代反应时,为何常常首先要进行酰化?

实验4.6 酰基化反应:乙酰水杨酸的制备

[实验目的]

（1）掌握羧酸酯的合成方法;

（2）复习重结晶、抽滤等实验操作。

[基本原理]

羧酸酯一般是由羧酸和醇在少量浓硫酸或干燥的氯化氢、有机强酸等催化下脱水而制得的。为了促使反应向右进行,通常采用增加酸或醇的浓度或连续地移去产物(酯和水)的方式来达到。在实验过程中,常常二者兼用。至于是用过量的醇还是过量的酸,则取决于原料来源的难易和操作上是否方便等诸因素。提高反应温度可加速反应。

醇、酸的结构对反应速率也有很大的影响。一般来说,醇的反应活性是伯醇 > 仲醇 > 叔醇;酸的反应活性是 $RCH_2COOH > R_2CHCOOH > R_3CCOOH$。

$$RCOOH + R'OH \xrightleftharpoons{H^+} RCOOR' + H_2O$$

除去反应副产物,通常是利用形成共沸混合物来进行。有些酸(乳酸等)或醇(呋喃醇等)可以用离子交换树脂来进行酯化。羧酸酯也可由酰氯、酸酐、腈和醇作用制得。酚和醇类似,也可由乙酰化生成酯,但酚的反应比醇难,一般要以乙酸酐、乙酰氯做乙酰化试剂。

乙酰水杨酸,白色针状或板状结晶或结晶性粉末,微溶于水,溶于乙醇、乙醚、氯仿,也溶于碱溶液,同时分解。1853 年,弗雷德里克·热拉尔采用水杨酸与醋酐合成乙酰水杨酸;1898 年,德国化学家菲力克斯·霍夫曼合成了乙酰水杨酸,并为他父亲治疗风湿关节炎;1899 年,德莱塞将其应用于临床,取名为阿司匹林。阿司匹林治疗范围极广,包括感冒、发热、头痛、牙痛、关节炎痛症、风湿痛症等,还能预防手术后血栓形成、心肌梗塞和中风,故俗称为"万灵药"。

乙酰水杨酸通常以乙酸酐为乙酰化试剂与水杨酸反应制备,反应方式如下:

由于水杨酸本身具有两个不相同的官能团,反应中可形成少量的高分子聚合物,造成产物的不纯。为了除去这部分杂质,可使乙酰水杨酸变成钠盐,利用高聚物不溶于水的特点将它们分开,达到分离目的。

至于产物的纯度分析,可采用三氯化铁溶液进行检测。由于酚羟基可与三氯化铁水溶液形成深紫色的溶液,所以未反应的水杨酸与稀的三氯化铁溶液反应呈正结果;而纯净的阿司匹林不会产生紫色。

[实验条件]

实验药品:水杨酸,乙酸酐,浓硫酸(98%),乙醇,三氯化铁(1%),饱和碳酸氢钠溶液;

实验仪器:水浴装置,锥形瓶,烧杯,抽滤瓶,布氏漏斗,电子天平。

[操作步骤]

(1)将 3.2g 水杨酸置于 100mL 锥形瓶中,加入 5mL 乙酸酐,然后用滴管加入 5 滴浓硫酸,充分摇匀。

(2)水浴加热(约 80℃)使反应物溶解,维持 15min,不断振摇。

(3)稍冷却后,在不断搅拌下倒入 50mL 冰水中,并用冰水浴冷却。

(4)用布氏漏斗减压抽滤,用少量水洗涤结晶,滤干后所得粗产物转移到烧杯中,加入6mL饱和碳酸氢钠溶液,搅拌至无 CO_2 气泡产生。

（5）减压抽滤,滤液倒入盛有1mL浓盐酸和2.5 mL水的烧杯中,搅拌均匀,用冰水冷却,结晶析出。

（6）减压抽滤,用少量水洗涤结晶,干燥、称重,计算产率。

（7）用三氯化铁溶液检验产品的纯度。

[注意事项]

（1）乙酸酐刺激眼睛,需要在通风橱内量取试剂,小心操作。

（2）水杨酸是一个双官能团的化合物,反应温度应控制在80℃左右,以防止副产物生成。

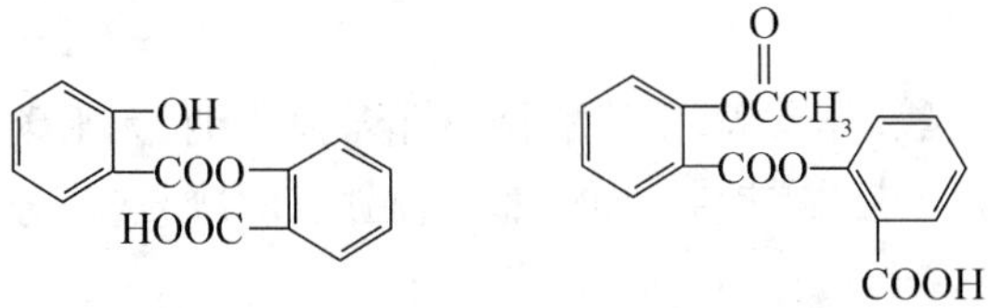

（3）用水可除去未反应的乙酸酐,并使不溶于水的产物阿司匹林沉淀析出。

（4）重结晶后的产品的纯度可用 $FeCl_3$ 溶液（1%）进行试验。

[思考题]

（1）在硫酸存在下,水杨酸与乙醇作用会得到什么产物？

（2）试比较苄醇、苯酚、水杨酸的乙酰化速率。

（3）醇、酚、糖的酯化有什么不同？

实验4.7　氧化反应:环己酮的制备

[教学目的]

（1）学习氧化法制备环己酮的原理与方法；

（2）复习简易水蒸气蒸馏操作；

（3）巩固萃取、干燥等基本操作。

[基本原理]

一级醇及二级醇的羟基所连接的碳原子上有氢,因此可以被氧化成醛、酮或羧酸。三级醇由于醇羟基相连的碳原子上没有氢,不易被氧化,但在剧烈的条件下碳—碳键可氧化断裂,形成含碳较少的产物。

用高锰酸钾作氧化剂,在冷、稀、中性的高锰酸钾水溶液中,一级醇、二级醇不被氧化,但在加热等比较强烈的条件下可被氧化,一级醇生成羧酸钾盐,溶于水,并有二氧化锰沉淀析出。二级醇氧化为酮,但易进一步氧化,使碳—碳键断裂,故很少用于合成酮。由二级醇制备酮,最常用的氧化剂为重铬酸钠与浓硫酸的混合液,或三氧化铬的冰醋酸溶液等,酮在此条件下比较稳定,产率也较高,因此是比较有用的方法。

本实验以环己醇为原料,在重铬酸钠与浓硫酸混合液的作用下制备环己酮。反应方程式如下:

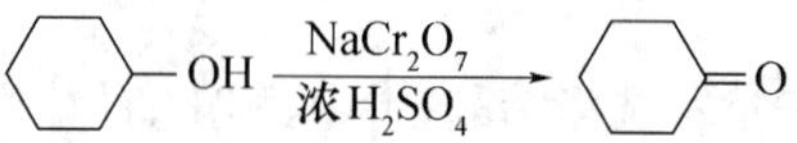

环己酮(Cyclohexanone)为羰基碳原子包括在六元环内的饱和环酮,分子式为 $C_6H_{10}O$。无色透明液体,带有泥土气息,含有痕迹量的酚时,则带有薄荷味。随着存放时间的延长会生成杂质,不纯物为浅黄色,具有强烈的刺鼻臭味。环己酮有致癌作用,在工业上主要用作有机合成原料和溶剂,如可溶解硝酸纤维素、涂料、油漆等。

[实验条件]

实验药品:浓硫酸,环己醇,重铬酸钠,草酸,氯化钠,无水碳酸钾;

实验仪器:三口烧瓶,搅拌器,滴液漏斗,温度计,冷凝管,分液漏斗。

[操作步骤]

(1)在250mL三口烧瓶内加入60mL冰水,在搅拌下慢慢加入10mL浓硫酸,混合均匀,小心加入10g环己醇(10.5mL)。

(2)通过三口烧瓶侧口在上述混合液内插入温度计,将溶液冷却至30℃以下。

(3)在烧杯中将21g重铬酸钠溶解于6mL水中。

(4)取上述溶液1mL,利用滴液漏斗加入三口烧瓶中,充分振摇,这时可观察到反应温度上升和反应液由橙红色变为墨绿色,表明氧化反应已经发生。

(5)继续向三口烧瓶中滴加剩余的重铬酸钠溶液,同时不断振摇烧瓶,控制滴加速度,保持烧瓶内反应液温度在55~60℃之间(若超过此温度时立即在冰水浴中冷却)。

(6)滴加完毕,继续振摇反应瓶,直至观察到温度自动下降1~2℃以上。然后加入少量草酸(约需0.5g),使反应液完全变成墨绿色,以破坏过量重铬酸盐。

(7)在三口烧瓶中加入50mL水,再加几粒沸石,装成蒸馏装置,将环己酮与水一起蒸馏出来(环己酮与水能形成沸点为95℃的共沸混合物)。直至馏出液不再混浊后再多蒸约10mL,用氯化钠(需7~10g)饱和馏液。

(8)饱和馏液后移入分液漏斗中,静置后分出有机层,用无水碳酸钾干燥,蒸馏,收集150~156℃馏分。

(9)称重,计算产率(6~6.5g,产率62%~67%)。

[注意事项]

(1)第(7)步操作中,加水蒸馏产品实际上是简化的水蒸气蒸馏。

(2)第(7)步操作中,水的馏出量不宜过多,否则即使使用盐析仍不可避免少量环己酮溶于水中。

(3)反应中,橙红色变成墨绿色是因为重铬酸盐变成低价铬盐。

(4)若氧化反应没有发生,不要继续加入氧化剂,因过量的氧化剂能使反应过于激烈而难以控制。

（5）水蒸气蒸馏时,馏出液沸程为94～100℃,除水和乙酸外,还含有易燃的环己酮。

[思考题]

（1）当反应结束后,为什么要加入草酸?

（2）用高锰酸钾的水溶液氧化环己酮,会得到什么产物?

（3）如欲将乙醇氧化成乙醛,应采用哪些措施防止乙醛被氧化成乙酸?

实验4.8　氧化反应:己二酸的制备

[实验目的]

（1）学习环己醇氧化制备己二酸的原理,了解由醇氧化制备羧酸的方法;

（2）巩固浓缩、过滤、重结晶等基本操作;

（3）掌握滴加原料、测量反应温度、有毒气体吸收装置的应用。

[基本原理]

实验室制备羧酸最常用的方法是烯、醇、醛等的氧化法。常用的氧化剂有硝酸、重铬酸钾（钠）的硫酸溶液、高锰酸钾、过氧化氢及过氧乙酸等。用硝酸作氧化剂时,其副产物为气体,容易提纯,简单迅速;但是反应非常剧烈,伴有大量二氧化氮毒气放出,具有一定的危险。用高锰酸钾作氧化剂时,原料成本低、安全性高;缺点是生成的 MnO_2 难以除去。

本实验将两种方法一并介绍,以供选择。其中,环己醇在高锰酸钾的酸性条件发生氧化反应得到己二酸,反应式如下:

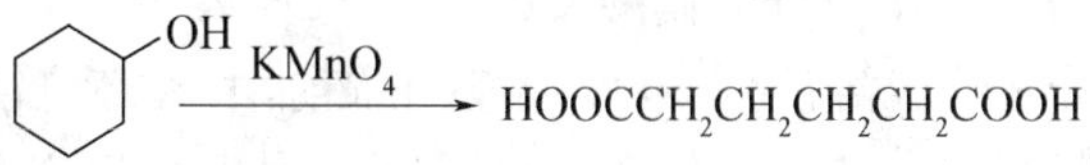

以硝酸为氧化剂制备己二酸的反应式如下:

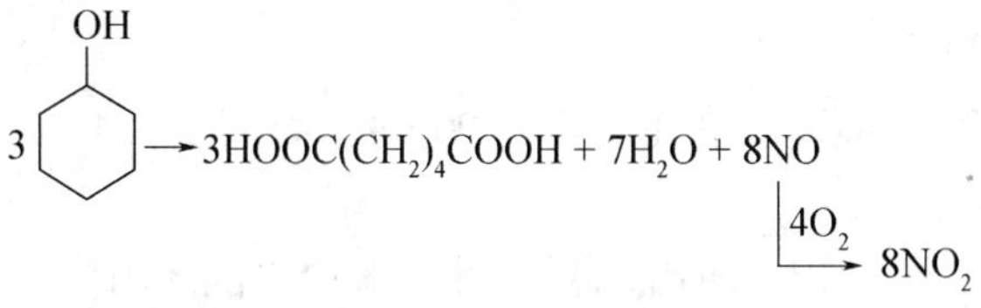

实际上,无论以高锰酸钾,还是以硝酸为氧化剂,均可能发生如下的副反应:

深度氧化→HCOO（CH_2）_3COOH + HOOC（CH_2）_2COOH

己二酸（Hexanedioic acid）,又称肥酸,分子式为 $C_6H_{10}O_4$,是一种羧酸类有机化合物,常温下为白色晶体,熔点为152℃,沸点为337.5℃,微溶于水,溶于水中时呈酸性。己二酸是一种重要的有机二元酸,主要用于制造尼龙66纤维和尼龙66树脂、聚氨酯泡沫塑料等。

[实验条件]

1. 以高锰酸钾作氧化剂

实验药品:环己醇,高锰酸钾,NaOH 溶液,亚硫酸氢钠,浓硫酸;

实验仪器:烧杯,滴管,温度计,抽滤装置,水浴装置,电子天平。

2. 以硝酸作氧化剂

实验药品:环己醇,NaOH 溶液,硝酸;

实验仪器:烧杯,温度计,电子天平,吸滤瓶,布氏漏斗,循环水真空泵,带滴液和温度计的回流装置。

[操作步骤]

1. 以高锰酸钾作氧化剂

（1）安装水浴反应装置。

（2）在 100mL 的烧杯中加入 6g 高锰酸钾和 50mL 的 NaOH 溶液（0.3mol/L），搅拌并水浴加热至 35℃。

（3）在沸水浴中将混合物加热数分钟使二氧化锰凝聚,趁热抽滤,滤渣用少量热水洗涤 3 次。

（4）滤液加热浓缩至约 10mL,冷却后用浓硫酸调节 pH 值为 2～4。

（5）冷却、抽滤,将粗产物用水进行重结晶提纯。

（6）干燥、称重,计算产率。

2. 以硝酸作氧化剂

（1）在 125mL 三口烧瓶上装置滴液漏斗、温度计和回流冷凝管。

（2）在冷凝管上接一气体吸收装置,用 10% 的氢氧化钠溶液吸收反应过程中产生的二氧化氮气体。

（3）在三口烧瓶中加入 16mL 硝酸(50%)。

（4）用水浴预热硝酸溶液到 80℃,振荡下滴加 1 滴环己醇,温度迅速升至 90℃。待温度回到 85℃时,再滴加第 2 滴,维持反应体系的温度在 85℃左右。

（5）慢慢滴加环己醇。滴加过程中需经常摇动反应瓶,控制滴加速度,使瓶内温度维持在 85～90℃。

（6）滴加结束后,继续振荡并用 80～90℃的水浴加热,反应 15min,至几乎无红棕色气体放出为止。

（7）冷却反应瓶,使固体析出,抽滤,用 3mL 冷水洗涤固体。

（8）干燥、称重,计算产率。

[注意事项]

1. 以高锰酸钾作氧化剂

（1）此反应属强烈放热反应,要控制好滴加速度和反应温度,以免反应过剧,引起飞溅或爆炸。同时,不要在烧杯上方观察反应情况。

（2）$KMnO_4$ 要研细,以利于充分反应。

（3）用热水洗涤 MnO_2 滤饼时，每次加水量 5～10 mL。

（4）用浓硫酸调节 pH 值时，要慢慢滴加。

2. 以硝酸作氧化剂

（1）本实验必须在通风橱内进行，必须严格地遵照规定的反应条件。

（2）在量取环己醇时不可使用量过硝酸的量筒，因为二者会激烈反应，容易发生意外。

（3）环己醇在较低温度下为针状晶体，熔化时为黏稠液体，不易倒净。因此量取后可用少量水荡洗量筒，一并加入滴液漏斗中，这样既可减少器壁粘附损失，也因少量水的存在而降低环己醇熔点，避免在滴加过程中结晶堵塞滴液漏斗。

（4）本反应强烈放热，环己醇切不可一次加入过多，否则反应太剧烈，可能引起爆炸。

（5）环己醇置于滴液漏斗前，要先检查活塞不漏液并关闭活塞。

（6）本实验的成败关键是环己醇的滴加速度和反应温度的控制。

[思考题]

（1）制备己二酸时，为什么必须严格控制环己醇的滴加速度和反应温度？

（2）以硝酸为氧化剂时，为什么必须在通风橱中进行？

（3）制备羧酸的常用方法有哪些？

（4）为什么必须控制氧化反应的温度？

（5）以硝酸为氧化剂时，反应体系中开始时出现棕红色气体，而后期气体颜色变淡，原因是什么？

实验 4.9　酯化反应：乙酸乙酯的制备

[教学目的]

（1）掌握羧酸与醇合成酯的一般原理和方法；

（2）复习蒸馏、分液漏斗萃取、液体干燥等基本操作。

[基本原理]

乙酸乙酯（Ethyl acetate）是乙酸中的羟基被乙氧基取代而生成的化合物，分子式为 $CH_3COOCH_2CH_3$，无色易挥发液体，微溶于水，易溶于乙醇、乙醚等有机溶剂。有特殊香味，易扩散，不持久。与水或乙醇都能生成二元共沸混合物：与水的共沸混合物的沸点 70.4℃；与乙醇的共沸混合物的沸点 71.8℃。与水和乙醇还可以形成三元共沸混合物，沸点 70.2℃。乙酸乙酯可用作纺织工业的清洗剂和天然香料的萃取剂，也是制药工业和有机合成的重要原料。

乙酸乙酯的合成方法很多，如可由乙酸或其衍生物与乙醇反应制取，也可由乙酸钠与卤乙烷反应来合成等。其中，最常用的方法是在酸催化下由乙酸和乙醇直接酯化法。常用浓硫酸、氯化氢、对甲苯磺酸或强酸性阳离子交换树脂等作催化

剂。若用浓硫酸作催化剂,其用量为醇的0.3%即可。其主反应为

$$CH_3COOH + CH_3CH_2OH \overset{H_2SO_4}{\rightleftharpoons} CH_3COOCH_2CH_3 + H_2O$$

副反应为

$$2CH_3CH_2OH \overset{H_2SO_4}{\rightleftharpoons} CH_3CH_2OCH_2CH_3 + H_2O$$

$$CH_3CH_2OH \overset{H_2SO_4}{\longrightarrow} CH_2 = CH_2 + H_2O$$

该反应经历了加成-消去的过程。质子活化的羰基被亲核的醇进攻发生加成,在酸作用下脱水成酯。酯化反应为可逆反应,提高产率的措施包括:①加入过量的乙醇;②在反应过程中不断蒸出生成的产物和水,促进平衡向生成酯的方向移动。但酯和水或乙醇的共沸物沸点与乙醇接近,为了能有效分离出生成的酯和水,又不使反应物乙醇被蒸出来,本实验采用分馏反应装置。

[实验条件]

实验药品:冰醋酸,乙醇(95%),饱和 Na_2CO_3 溶液,饱和 NaCl 溶液,无水 K_2CO_3,饱和 $CaCl_2$ 溶液;

实验仪器:铁架台,三口烧瓶,球形冷凝管,直形冷凝管,电热套,橡皮管,温度计,分液漏斗,锥形瓶,烧杯。

[操作步骤]

(1)在50mL 三口烧瓶中加入4mL 乙醇,摇动下慢慢加入5mL 浓硫酸,使其混合均匀,并加入几粒沸石。

(2)在三口烧瓶的一侧口插入温度计,另一侧口插入滴液漏斗,漏斗末端应浸入液面以下,中间口安装分馏柱,如图4-6所示。

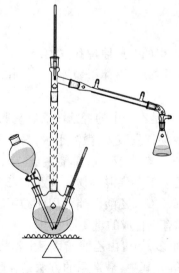

图 4-6　实验装置图

84

（3）在滴液漏斗内加入10mL乙醇和8mL冰醋酸，混合均匀，向瓶内滴入约2mL的混合液，然后将三口烧瓶加热到110～120℃（这时蒸馏管口应有液体流出），再自滴液漏斗慢慢滴入其余的混合液（控制滴加速度和馏出速度大致相等），维持反应温度在110～125℃之间。

（4）滴加完毕，继续加热10min，直至温度升高到130℃，不再有馏出液为止（馏出液中含有乙酸乙酯及少量乙醇、乙醚、水和醋酸等）。

（5）在摇动下慢慢向粗产物中加入饱和的碳酸钠溶液（约6mL）至无二氧化碳气体放出，酯层用pH试纸检验呈中性。

（6）将液体移入分液漏斗中，充分振摇后静置，分去下层水相。酯层用10mL饱和食盐水洗涤后，再用10mL饱和氯化钙溶液洗涤2次，弃去下层水相，酯层自漏斗上口倒入干燥锥形瓶，用无水碳酸钾干燥约30min。

（7）将干燥好的粗乙酸乙酯在水浴中进行蒸馏，收集73～80℃的馏分。

（8）称重，计算产率。

[注意事项]

（1）加料滴管和温度计必须插入反应混合液中，加料滴管下端离瓶底约5mm为宜。

（2）加浓硫酸时，必须慢慢加入并充分振荡烧瓶，使其与乙醇均匀混合，以免在加热时因局部酸过浓引起有机物碳化等副反应。

（3）反应温度可用滴加速度来控制：接近125℃时，提高滴加速度；接近110℃时，降低滴加速度；降到110℃时，停止滴加，待升到110℃以上再滴加。

（4）干燥剂不可加多，否则会降低收率。本实验的产品5～8g。

[思考题]

（1）本实验中浓硫酸起到什么作用？为什么要用过量的乙醇？

（2）蒸出的粗乙酸乙酯中主要含有哪些杂质？如何逐一除去？

（3）能否用浓氢氧化钠溶液代替饱和碳酸钠溶液来洗涤蒸馏液？为什么？

（4）用饱和氯化钙溶液洗涤的目的是什么？为什么先用饱和氯化钠溶液洗涤？是否可用水代替？

（5）酯化反应有什么特点？如何促使酯化反应尽量向生成物方向进行？

实验4.10　酯缩合反应：乙酰乙酸乙酯的制备

[教学目的]

（1）了解Claisen酯缩合反应的机理和应用；

（2）熟悉在酯缩合反应中金属钠的应用和操作；

（3）复习液体干燥和减压蒸馏等基本操作。

[基本原理]

克莱森缩合反应（Claisen缩合反应）是指两分子羧酸酯在强碱（如乙醇钠）催

化下,失去一分子醇而缩合为一分子 β-羰基羧酸酯的反应。参与反应的两个酯分子不必相同,但其中一个必须在酰基的 α-碳上连有至少一个氢原子。克莱森(Claisen)缩合反应的核心步骤是一个亲核取代反应。

乙酰乙酸乙酯就是通过 Claisen 缩合反应制备的。乙酰乙酸乙酯(Ethyl acetoacetate),分子式为 $CH_3COCH_2COOC_2H_5$,简称三乙,即乙酰乙酸的乙醇酯,是有机化学中的常用试剂,是有机合成中非常重要的原料。

当用金属钠作缩合试剂时,真正的催化剂是钠与乙酸乙酯残留的少量乙醇作用产生的醇钠,一旦反应开始,乙醇就可以不断生成并和金属钠继续作用。如果使用高纯度的乙酸乙酯和金属钠反而不能发生缩合反应。反应方程式如下:

$$2CH_3CO_2C_2H_5 \xrightarrow{C_2H_5ONa} \overset{\oplus}{Na}(CH_3\overset{\overset{O}{\|}}{C}\overset{\ominus}{C}H\overset{\overset{O}{\|}}{C}OC_2H_5) \xrightarrow{HOAc} CH_3COCH_2CO_2C_2H_5 + NaOAc$$

反应机理与过程如下所示:

$$CH_3CO_2C_2H_5 + \overset{\ominus}{O}C_2H_5 \longrightarrow \overset{\ominus}{C}H_2COOC_2H_5 \quad CH_3-\overset{\overset{O}{\|}}{C}-OC_2H_5 \longrightarrow CH_3-\overset{\overset{\ominus}{\ddot{O}}}{\underset{OC_2H_5}{C}}-CH_2COOC_2H_5$$

$$\longrightarrow CH_3COCH_2CO_2C_2H_5 \xrightarrow{\overset{\ominus}{O}C_2H_5} \overset{\oplus}{Na}(CH_3\overset{\overset{O}{\|}}{C}\overset{\ominus}{C}H\overset{\overset{O}{\|}}{C}OC_2H_5) \xrightarrow{HOAc} CH_3COCH_2CO_2C_2H_5$$

乙酰乙酸乙酯与其烯醇式是互变异构(或动态异构)现象的一个典型例子,它们是酮式和烯醇式平衡的混合物,在室温时含 92% 的酮式和 8% 的烯醇式。单个异构体具有不同的性质并能分离为纯态,但在微量酸碱催化下,迅速转化为二者的平衡混合物。

[实验条件]

实验药品:金属钠,二甲苯,乙酸乙酯,醋酸,饱和氯化钠溶液,无水硫酸钠;

实验仪器:圆底烧瓶,球形冷凝管,分液漏斗,克氏蒸馏瓶,电热套。

[操作步骤]

(1)在干燥的 100mL 圆底烧瓶中加入 2.5g 已切去表面氧化物的金属钠,加入 15mL 二甲苯,装上回流冷凝管,加热使钠熔融。稍冷,拆去冷凝管,将烧瓶用塞子塞紧,沿垂直方向用力振摇使金属钠成灰色细粒状钠珠,倾斜旋转烧瓶,尽量将壁上附着的钠珠转移到二甲苯液体中,以免氧化。

(2)冷至室温后将二甲苯倾出,并迅速加入 30mL 已干燥过的乙酸乙酯,装上带有氯化钙干燥管的冷凝管,反应立即开始。控制反应速度,保持微沸直至金属钠全部作用完毕,此时反应物为桔红色透明液(有时得到黄色沉淀物)。

(3)冷却,迅速加入 15mL 醋酸溶液(50%)直至呈微酸性。此时有大量黄色沉淀析出,经不断振摇后沉淀可全部溶解。

(4)将反应物移入分液漏斗,用等体积饱和氯化钠溶液洗涤(此时可能有过饱和的盐沉淀析出),静置后,乙酰乙酸乙酯分层析出。

（5）分出上层粗产物，用无水硫酸钠干燥后滤入蒸馏瓶，并用少量乙酸乙酯洗涤干燥剂，一并转入蒸馏瓶中。

（6）先在沸水浴上蒸去未作用的乙酸乙酯，然后将剩余液移入圆底烧瓶中，用减压蒸馏装置进行减压蒸馏。减压蒸馏时需缓慢加热，待残留的低沸点物质蒸出后，再升高温度，收集乙酰乙酸乙酯。

[注意事项]

（1）本实验要求无水操作。金属钠遇水即燃烧爆炸，故使用时应严格防止钠接触水或皮肤。钠的称量和切片要快，以免氧化或被空气中的水气侵蚀。多余的钠片应及时放入装有二甲苯的瓶中。

（2）摇钠为本实验关键步骤，因为钠珠的大小决定着反应的快慢。钠珠越细越好，应呈小米状细粒。否则，应重新熔融再摇。摇钠时应用干抹布包住瓶颈，快速而有力地来回振摇，往往最初的数下有力振摇即达到要求。

（3）乙酰乙酸乙酯在常压蒸馏时很易分解，其分解产物为"失水乙酸"，这样会影响产率，故采用减压蒸馏法。

（4）第（2）步操作中倒出的二甲苯要用干燥的锥形瓶接收，并倒入指定的回收瓶中，严禁倒入水槽，以免引起火灾，发生意外。

（5）乙酸乙酯要重新蒸馏和干燥，含水和含醇量过高都会使产品收率显著降低。

[思考题]

（1）为什么使用二甲苯做溶剂，而不用苯或甲苯？

（2）Claisen 酯缩合反应中的催化剂是什么？实验为什么可用金属钠代替？

（3）为什么用醋酸酸化，而不用稀盐酸或稀硫酸酸化？为什么要调到弱酸性，而不是中性？

（4）加入饱和氯化钠溶液的目的是什么？中和过程开始析出的少量固体是什么？乙酰乙酸乙酯沸点并不高，为什么要用减压蒸馏的方式？

（5）如何采用实验证明常温下得到的乙酰乙酸乙酯是两种互变异构体的平衡混合物？

实验 4.11　磺化反应：对氨基苯磺酸的制备

[教学目的]

（1）掌握磺化反应的基本原理；

（2）掌握对氨基苯磺酸的制备方法；

（3）了解氨基的简单检验方法。

[基本原理]

苯分子等芳香烃化合物中的氢原子被硫酸分子里的磺酸基（ $-SO_3H$ ）所取代的反应，称为磺化反应。磺化反应的实质是苯和三氧化硫的亲电取代反应。三氧化硫虽然不带电荷,但是中心的硫原子为 sp^2 杂化,为平面结构,最外层只有 6 个电子。另外硫原子和 3 个电负性较大的氧原子连接,增强了硫原子的缺电子程度,即为缺电子试剂,容易和苯发生亲电取代反应。反应的机理如下所示:

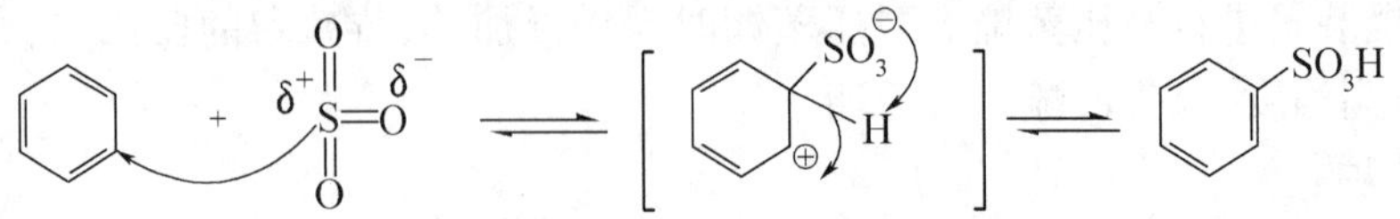

磺化过程中磺酸基取代碳原子上的氢称为直接磺化;磺酸基取代碳原子上的卤素或硝基,称为间接磺化。磺化剂通常用浓硫酸或发烟硫酸,有时也用三氧化硫、氯磺酸、二氧化硫加氯气、二氧化硫加氧以及亚硫酸钠等。

本实验以苯胺为原料,经浓硫酸磺化得到对氨基苯磺酸。反应的方程式为

$$2H_2SO_4 \Longleftrightarrow SO_3 + H_3O^+ + HSO_4^-$$

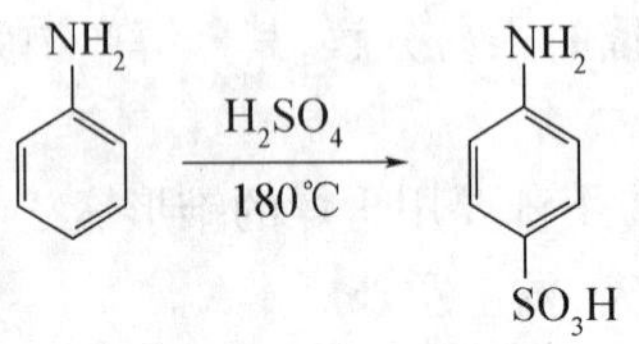

对氨基苯磺酸(p – amino – benzensulfonic acid),白色或灰白色晶体,熔点为 288℃,微溶于冷水,较易溶于沸水,几乎不溶于乙醇、乙醚和苯。有显著的酸性,能溶于苛性钠溶液和碳酸钠溶液,主要用于制造偶氮染料等。

[实验条件]

实验药品:苯胺,浓硫酸,NaOH 溶液(10%);

实验仪器:三口烧瓶,电热套,空气冷凝管,布氏漏斗,滴管,抽滤瓶。

[操作步骤]

(1)准确称取 2.85g 苯胺加入到 50mL 三口烧瓶中,烧瓶用冷水冷却,在摇动下分批加入浓硫酸 2.94g。

(2)用电热套缓慢加热至 180 ~ 190℃,反应约 2h,检查反应完全后,停止加热。

(3)待烧瓶冷却至室温后,将反应液在搅拌下倒入盛有 10mL 冰水的烧杯中,得到灰白色的对氨基苯磺酸。

(4)减压抽滤、洗涤得到粗制产品,用蒸馏水重结晶得到对氨基苯磺酸。

(5)干燥、称重、计算产率。

[注意事项]

(1)浓 H_2SO_4 分批加入,并且边加入边摇荡烧瓶并冷却,加料时烧瓶加上空气冷凝管。

(2)反应温度要控制在 180 ~ 190℃。

(3)可用 NaOH 溶液(10%)测试反应是否进行完全,若得澄清溶液则反应

完全。

（4）主要试剂及产品的物理常数见表 4-1。

表 4-1　相关实验试剂的物理参数

名称	分子量	性状	比重	熔点/℃	沸点/℃	溶解度/(g/100mL 溶剂)		
						水	醇	醚
苯胺	93.12	无色油状液	1.022	-6.1	184.4	3.6/18℃	∞	∞
对氨基苯磺酸	173.18	白色结晶	—	365	—	0.8/10℃	不溶	不溶

[思考题]

（1）对氨基苯磺酸较易溶于水，而难溶于苯及乙醚，试解释之。

（2）反应产物中是否会有邻位取代物？若有，邻位和对位取代产物，哪一种较多，说明理由。

实验 4.12　氯磺化反应：对乙酰氨基苯磺酰氯的制备

[教学目的]

（1）掌握对乙酰氨基苯磺酰氯的制备方法；

（2）掌握氯磺化反应的反应机理；

（3）了解对乙酰氨基苯磺酰氯的性质和用途。

[基本原理]

氯磺化反应（Chlorosulfonation），又称 Reed 反应，是向有机物分子中引入氯磺酰基（-SO_2Cl）形成磺酰氯（R-SO_2Cl）的过程。它是一种取代反应，反应物中的一个氢原子在反应后转变为氯磺酰基。

氯磺化所用的磺化剂是氯磺酸。氯磺酸可看作是三氧化硫与氯化氢的配合物（SO_3HCl），沸腾状态下离解成 SO_3 和 HCl。由于氯原子电负性很强，硫原子上具有部分正电荷，所以磺化能力较强，但磺化能力不如三氧化硫，作用也比三氧化硫温和。用等量或稍过量的氯磺酸进行磺化，得到的产物是芳磺酸。如果用过量很多的氯磺酸反应，最终产物是芳磺酰氯。由芳磺酰氯可以制备一系列芳磺酸衍生物。此外，用氯磺酸磺化时，被磺化物、溶剂和反应器都必须干燥，因为氯磺酸遇水会立即水解为硫酸和氯化氢。

对乙酰氨基苯磺酰氯是制备磺胺（对乙酰氨基苯磺酰胺）的中间体，由乙酰苯胺与氯磺酸反应制备。反应方程式如下：

89

对乙酰氨基苯磺酰氯为浅褐色针状或棱柱状结晶,有轻微乙酸气味,熔点为149℃(分解)。溶于苯、乙醚、氯仿和二氯乙烷,在空气中易吸潮分解。可用于多种磺胺类药物,如磺胺噻唑、磺胺异恶唑、磺胺苯吡唑等的合成。

[实验条件]

实验药品:乙酰苯胺,氯磺酸;

实验仪器:三角烧瓶,软木塞,水浴装置,烧杯,抽滤装置。

[操作步骤]

(1) 在100mL的干燥的三角烧瓶中加入5g乙酰苯胺,微微加热至熔融,转动烧瓶使乙酰苯胺在烧瓶底部形成薄膜,瓶口塞上软木塞,水浴备用。

(2) 用一干燥的量筒量取13mL氯磺酸,然后将其迅速一次倒入烧瓶中,轻轻振摇烧瓶,并保持水浴温度在15℃以下。

(3) 当大部分乙酰苯胺固体溶解时,60~70℃水浴上加热10~20min,直到固体完全溶解,静置冷却。

(4) 在一个250mL的烧杯中加入75~100g碎冰,反应混合物冷至室温后,在通风橱中,强力搅拌下将反应混合物慢慢倒入烧杯中,此时有白色或粉红色的固体沉淀析出。

(5) 减压抽滤,用少量水洗涤,尽量抽干。

(6) 称重,计算产率。

[注意事项]

(1) 氯磺酸与水反应剧烈,乙酰苯胺需干燥,反应所需的仪器需充分干燥。

(2) 氯磺酸具有毒性和很强的腐蚀性,使用时需小心,避免与皮肤或湿气接触。若不小心沾到皮肤上,应立即用大量冷水洗涤,再用稀碳酸氢钠溶液清洗。

(3) 若要得到纯的产品,可用氯仿进行重结晶。

(4) 应牢记产物可能会与水反应,所以只能用少量水洗涤,并尽可能抽干。

(5) 粗产物不需纯化即可用于磺胺的合成。因为对乙酰氨基苯磺酰氯不稳定,不可久置。

[思考题]

(1) 氯磺化反应的反应机理是什么?

(2) 为什么氯磺化反应过程中必须无水?

(3) 本反应中,有何副反应发生? 如何减少副反应?

实验4.13 氨解反应:对氨基苯磺酰胺的制备

[教学目的]

(1) 掌握酰氯的氨解和乙酰氨基衍生物的水解;

(2) 复习脱色、重结晶等 基本操作。

[基本原理]

氨解反应是指含各种不同官能团的有机化合物在胺化剂的作用下生成胺类化合物的过程。氨解反应包括卤素的氨解、羰基化合物的氨解、羟基化合物的氨解、磺基及硝基的氨解和直接氨解。

对氨基苯磺酰胺（p – Anilinesulfonamide），又名磺胺，分子式为 $C_6H_8N_2O_2S$，熔点为 164.5～166.5℃，白色颗粒或粉末状晶体，微溶于冷水、乙醇、甲醇、丙酮，易溶于沸水、甘油、盐酸、氢氧化钾及氢氧化钠溶液，不溶于苯、氯仿、乙醚和石油醚。在医药上可做药物使用，对细菌的生长增殖有抑制作用。

本实验从对乙酰氨基苯磺酰氯出发合成对氨基苯磺酰胺，其反应如下所示：

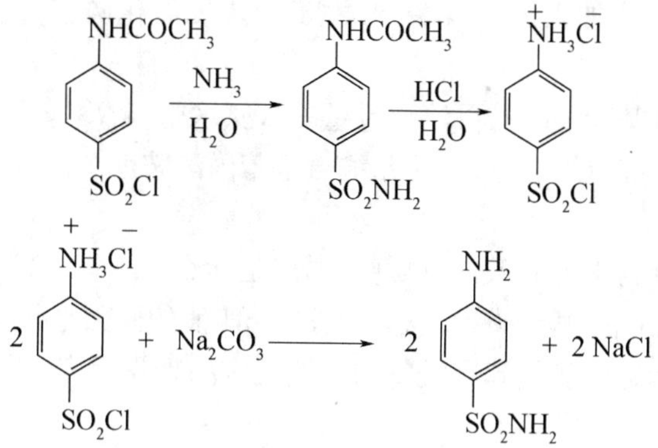

[实验条件]

实验药品：对乙酰氨基苯磺酰氯粗产物，浓氨水（28%），稀盐酸，碳酸钠；

实验仪器：烧杯，水浴装置，圆底烧瓶，球形冷凝管等。

[操作步骤]

1. 对乙酰氨基苯磺酰胺的制备

（1）将自制的对乙酰氨基苯磺酰氯粗产物加入 50mL 的烧杯中，在通风橱内搅拌下慢慢加入 35mL 浓氨水（28%），立即发生放热反应生成糊状物。

（2）加完氨水后，在室温下继续搅拌 10min，使反应完全，然后将烧杯置于热水浴中，于 70℃反应 10min，并不断搅拌，以除去多余的氨。

（3）将反应物冷至室温，振荡下向反应混合液加入 10% 的盐酸，至反应液使石蕊试纸变红。

（4）用冰水浴冷却反应混合物至 10℃，抽滤，用冷水洗涤，得到粗产物对乙酰氨基苯磺酰胺，可直接用于下步合成。

2. 对氨基苯磺酰胺（磺胺）的制备

（1）将对乙酰氨基苯磺酰胺的粗产物加入 50mL 的圆底烧瓶中，加入 20mL 的盐酸（10%）和几粒沸石。

（2）装上回流冷凝管，加热使混合物回流至固体全部溶解（约需 10min），然后再回流 0.5h。

（3）将反应液倒入 200mL 烧杯中冷却至室温,在搅拌下加入碳酸钠固体(约需 4g),至反应液对石蕊试纸显碱性(pH 值为 7～8),磺胺沉淀析出。

（4）在冰水浴中将混合物充分冷却,抽滤,收集产品。

（5）用热水重结晶产品并干燥,称重,计算产率。

[注意事项]

（1）本反应使用过量的氨中和反应生成的氯化氢,并使氨不被质子化。

（2）第 1 步所制备的粗产物对乙酰氨基苯磺酰胺对于水解反应来说已足够纯,若需纯品,可用 95% 的乙醇进行重结晶。

（3）若溶液呈现黄色,可加入少量活性炭,煮沸,抽滤。

（4）应少量分次加入固体碳酸钠,由于生成二氧化碳,每次加入后都会产生泡沫。

（5）对乙酰氨基苯磺酰胺可溶于过量的浓氨水中,若冷却后结晶析出不多,可加入稀硫酸至刚果红试纸变色,则对乙酰氨基苯磺酰胺就全部析出。

[思考题]

（1）酰胺化合物水解的条件有哪些,原理是什么?

（2）制备对乙酰氨基苯磺酰胺,必须控制 pH 值的原因是什么?

（3）试比较苯磺酰氯与苯甲酰氯的水解反应的难易程度。

实验 4.14　重氮化和偶合反应:甲基橙的制备

[教学目的]

（1）通过甲基橙的制备加深对重氮化反应及偶合反应原理的理解;

（2）学习重氮化反应及偶合反应在有机合成中的运用;

（3）巩固盐析和重结晶等基本操作。

[基本原理]

重氮化和偶合反应是重要的有机合成反应,在精细化工中有很重要的地位,该类反应是染料合成中的两个主要的工序,可合成酸性、冰染、直接、分散、活性、阳离子等类型的染料,还可合成各类黄色、红色偶氮型有机颜料。

1. 重氮化反应

芳香族伯胺在低温和强酸溶液中与亚硝酸钠作用,生成重氮盐的反应称为重氮化反应(diazotization)。重氮化反应是制备芳香重氮盐最重要的方法。一般是将芳胺溶解或悬浮在过量稀盐酸(HCl 的摩尔数为芳胺的 2.5 倍左右)中,在 0～10℃下加入与芳胺摩尔数相等的亚硝酸钠水溶液,在一般情况下,反应迅速进行,重氮盐的产率差不多是定量的。

苯胺、联苯胺及含有给电子基的芳胺,其无机酸盐稳定又溶于水,一般采用顺重氮法,即先把 1mol 胺溶于 2.5～3mol 的无机酸,于 0～5℃ 加入亚硝酸钠。

含有吸电子基(如—SO₃H、—COOH)的芳胺,由于本身形成内盐而难溶于无机酸,较难重氮化,一般采用逆重氮化法,即先溶于碳酸钠溶液,再加入亚硝酸钠,最后加酸。本实验中甲基橙的制备即采用该方法。

含有一个—NO₂、—Cl 等吸电子的芳胺,由于碱性弱,难成无机盐,且铵盐难溶于水,易水解,生成的重氮盐又容易与未反应的胺生成重氮氨基化合物(– ArN = N – NHAr),因此多采用先将胺溶于热的盐酸,冷却后再重氮化的方法。

由重氮化反应得到的芳香重氮盐水溶液,一般直接用于合成,不需分离重氮盐。如需要得到纯粹的重氮盐,则在冰乙酸溶液中用亚硝酸戊酯重氮化,由于有爆炸危险,必须仔细操作。纯粹的芳香重氮盐为无色晶体,能溶于水,不溶于有机溶剂,在稀溶液中完全电离。

2. 偶合反应

在弱碱或弱酸性条件下,重氮盐和酚、芳胺类化合物作用,生成偶氮基(– N = N –)将两分子中的芳环偶联起来的反应,称为偶合反应(coupling reaction)。偶合反应的实质是芳香环上的亲电取代反应,偶氮基为弱的亲电基,它只能与芳环上具有较大电子云密度的酚类、芳胺类化合物反应。由于空间位阻的影响,反应一般在对位发生。若对位已经有取代基,则偶合反应发生在邻位。

重氮盐和酚的反应在弱碱性的介质中进行,而重氮盐与芳胺的反应是在弱酸环境下进行的。甲基橙是一种指示剂,它是由对氨基苯磺酸的重氮盐与 N,N – 二甲基苯胺的醋酸盐在弱酸性介质中偶合得到的。

$$H_2N \!-\!\!\!\bigcirc\!\!\!- SO_3H + NaOH \longrightarrow H_2N \!-\!\!\!\bigcirc\!\!\!- SO_3Na + H_2O$$

$$H_2N \!-\!\!\!\bigcirc\!\!\!- SO_3Na \xrightarrow[\text{HCl}]{\text{NaNO}_2} [HO_3S \!-\!\!\!\bigcirc\!\!\!- \overset{+}{N} \equiv N] Cl^-$$

$$\xrightarrow[\text{HOAc}]{C_6H_5N(CH_3)_2} [HO_2S \!-\!\!\!\bigcirc\!\!\!- N = N \!-\!\!\!\bigcirc\!\!\!- \underset{H}{N(CH_3)_2}]^+OAc^-$$

$$\xrightarrow{\text{NaOH}} NaO_3S \!-\!\!\!\bigcirc\!\!\!- N = N \!-\!\!\!\bigcirc\!\!\!- N(CH_3)_2 + NaOAc + H_2O$$

[实验条件]

实验药品:对氨基苯磺酸,N,N – 二甲基苯胺,亚硝酸钠,氢氧化钠溶液(5%),浓盐酸,冰醋酸;

实验仪器:烧杯,试管,滴管,温度计,表面皿,布氏漏斗,电子天平。

[操作步骤]

1. 重氮盐的制备

(1) 在 50mL 烧杯中,加入 1.0g 对氨基苯磺酸和5mL 氢氧化钠溶液(5%),加热使对氨基苯磺酸溶解,用冰盐浴冷却至0℃以下。

（2）在一试管中将0.4g亚硝酸钠和3mL水配成溶液。将配制液加入上述烧杯中,维持温度0~5℃,在搅拌下用滴管慢慢滴入1.5mL浓盐酸和5mL水配成的溶液,直至用淀粉—碘化钾试纸检测呈现蓝色为止。

（3）继续在冰盐浴中放置15min,使反应完全,这时有白色细小晶体析出。

2. 偶合反应

（1）在试管中加入N,N－二甲基苯胺0.7mL,加入冰醋酸0.5mL,混合均匀。

（2）在搅拌下将上述混合液缓慢加到第1步所制备的重氮盐溶液中,继续搅拌10min。

（3）缓缓加入约15mL氢氧化钠溶液（5%）,直至反应物变为橙色（此时反应液为碱性）。甲基橙粗产物呈细粒状沉淀析出。

（4）将反应物置于沸水浴中加热5min,冷却后,再放置于冰浴中冷却,使甲基橙晶体析出完全。

（5）减压抽滤,用少量水、乙醇和乙醚洗涤,压紧抽干,干燥后得粗产物。

3. 产品精制

粗产物用溶有少量氢氧化钠的沸水进行重结晶。结晶析出完全后,减压抽滤,依次用少量乙醇、乙醚洗涤,压紧抽干,得片状甲基橙结晶。称重并计算产率。

4. 产品检验

将少许甲基橙溶于水中,加几滴稀盐酸,然后再用稀碱中和,观察并记录颜色变化。

[注意事项]

（1）对氨基苯磺酸为两性化合物,酸性强于碱性,能与碱作用而不能与酸作用成盐;为了使对氨基苯磺酸完全重氮化,反应过程必须不断搅拌。

（2）重氮化过程中,应严格控制温度,反应温度若高于5℃,生成的重氮盐易水解为酚,降低产率。

（3）若试纸不显色,需补充亚硝酸钠溶液。

（4）重结晶操作要迅速,否则由于产物呈碱性在温度高时易变质,颜色变深。用乙醇和乙醚洗涤的目的是使其迅速干燥。

（5）主要试剂及产品的物理常数见表4－2。

表4－2　相关实验试剂的物理参数

名称	分子量	性状	熔点/℃	沸点/℃	溶解度/（g/100mL 溶剂）		
					水	醇	醚
对氨基苯磺酸	173.2	白色晶体	>280 开始碳化	—	0.8/10℃	不溶	不溶
N，N－二甲苯胺	121.18	无色液体	—	193	不溶	∞	∞
甲基橙	327.33	橙色晶体	300	—	溶	不溶	—

[思考题]

（1）在重氮盐制备前为什么要加入氢氧化钠？是否可以直接将对氨基苯磺酸与盐酸混合后，再加入亚硝酸钠溶液进行重氮化操作？

（2）在本实验中，重氮盐的制备为什么要控制在 0～5℃ 中进行？偶合反应为什么在弱酸性介质中进行？

（3）试解释甲基橙在酸碱介质中的变色原因，并用反应式表示。

（4）N,N - 二甲基苯胺与重氮盐偶合为什么总是在氨基的对位上发生？

实验 4.15　Friedel - Crafts 反应：苯乙酮的制备

[教学目的]

（1）学习利用傅—克酰基化制备芳香酮的原理和方法；

（2）复习带干燥管和吸收有害气体回流装置、分液漏斗使用操作；

（3）掌握搅拌反应装置的使用。

[基本原理]

Friedel - Crafts 反应，简称傅—克反应，是一类芳香族亲电取代反应，1877 年由法国化学家查尔斯·傅里德（Friedel C）和美国化学家詹姆斯·克拉夫茨（Crafts J）共同发现。该反应主要分为烷基化反应和酰基化反应两类。

傅—克酰基化反应是在强路易斯酸做催化剂条件下，让酰氯与苯环进行酰化的反应。此反应还可使用羧酸酐作为酰化试剂，反应条件类似于烷基化反应的条件。酰化反应比烷基化反应具有一定的优势：由于羰基吸电子效应的影响（钝化基团），反应产物（酮）通常不会像烷基化产物一样继续多重酰化。而且该反应不存在碳正离子重排，这是由于酰基正离子可以共振到氧原子上从而稳定碳离子。生成的酰基可以用克莱门森还原反应、催化氢化等反应转化为烷基。

在傅—克酰基化反应中，酰氯、酸酐是常用的酰基化试剂，无水 $FeCl_3$、BF_3、$ZnCl_2$ 和 $AlCl_3$ 等路易斯酸作催化剂，分子内酰基化反应还可用多聚磷酸作催化剂，酰基化反应常用过量的芳烃、二硫化碳、硝基苯、二氯甲烷等作为反应溶剂。

本实验采用苯和乙酸酐制备苯乙酮，其反应方程式如下：

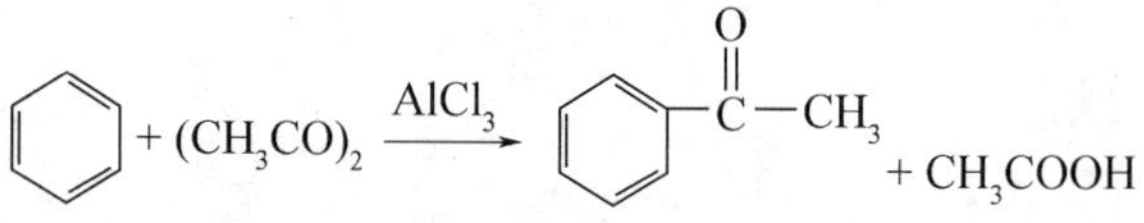

苯在反应中既是反应物，又是溶剂，因此需要大大过量；本反应是放热反应，应注意乙酐的滴加速度，使反应平稳进行。

[实验条件]

实验药品：乙酸酐，无水苯，无水 $AlCl_3$，浓盐酸，苯，氢氧化钠溶液（5%），无水氯化钙；

95

实验仪器:水浴装置,机械搅拌器,三口烧瓶,滴液漏斗,球形冷凝管,分液漏斗,圆底烧瓶,直形冷凝管,空气冷凝管,真空接引管,锥形瓶。

[操作步骤]

(1) 安装如图4-7所示的带搅拌器、滴液漏斗、回流、干燥管及气体吸收的反应装置。

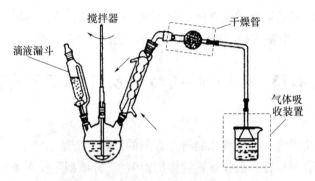

图4-7 反应装置图

(2) 迅速称取20g研细的无水 AlCl$_3$ 加入到250mL 三口烧瓶中,然后加入30mL 无水苯。

(3) 利用滴液漏斗慢慢滴加7mL 乙酸酐,控制滴加速度勿使反应过于激烈,以三口烧瓶稍热为宜。边滴加边摇荡三口烧瓶,10~15min 滴加完毕。加完后,在沸水浴上回流15~20min,直至不再有氯化氢气体逸出为止。

(4) 将反应物冷至室温,在搅拌下倒入盛有50mL 浓盐酸和50g 碎冰的烧杯中进行分解(在通风橱中进行)。

(5) 当固体完全溶解后,将混合物转入分液漏斗,分出有机层,水层每次用10mL 苯萃取2次。

(6) 合并有机层和苯萃取液,依次用等体积5%的氢氧化钠溶液和水各洗涤一次,然后用无水硫酸镁干燥。

(7) 将干燥后的粗产物先在水浴上蒸去苯,再用电热套加热蒸去残留的苯,当温度上升至140℃左右时,停止加热,稍冷却后改换为空气冷凝装置,收集198~202℃间的馏分。

(8) 称重,计算产率。

[注意事项]

(1) 本实验所用仪器和试剂均需充分干燥,否则影响反应顺利进行,装置中凡是和空气相通的部位,应装置干燥管。

(2) 无水三氯化铝的质量是实验成败的关键之一,研细、称量及投料均需迅速,避免长时间暴露在空气中(可在带塞的锥形瓶中称量)。

(3) 乙酸酐的滴加速度要慢;蒸馏时,尽可能用小瓶,以减少损失。

（4）实验药品及其物理常数见表 4 - 3。

表 4 - 3　相关实验药品的物理常数见表 4 - 3

药品	分子量	熔点/℃	沸点/℃	比重(d_{20}^d)	溶解性（水）
乙酸酐	102.09	-73	139	1.0820	微溶于水,易水解
无水苯	78.11	5.5	80.1	0.879	不溶于水

[思考题]

（1）水和潮气对本实验有何影响？在仪器装置和操作中应注意哪些事项？为什么要迅速称取无水三氯铝？

（2）反应完成后加入浓盐酸和冰水混合物的目的是什么？

（3）在烷基化和酰基化反应中，$AlCl_3$ 的用量有何不同？为什么？本实验为什么要用过量的苯和 $AlCl_3$？

实验 4.16　Diels - Alder 反应:蒽与顺丁烯二酸酐的反应

[教学目的]

（1）了解 Diels - Alder 反应的基本原理与应用；

（2）用蒽与顺丁烯二酸酐的反应验证 Diels - Alder 反应。

[基本原理]

环加成反应是两个分子间进行加成的协同反应,如一个共轭双烯化合物与一个含活泼双键或三键的化合物发生 1, 4 - 加成反应,形成一个六元化合物,这就是著名的 Diels - Alder 反应。它是由德国有机化学家 Diels 和 Alder 共同发现的,又称双烯合成反应,两人由此同时获 1950 年诺贝尔化学奖。

Diels - Alder 反应是一个可逆反应,正向成环反应的温度较低,逆向开环反应的温度较高,是共轭二烯特有的反应。反应方程式如下所示:

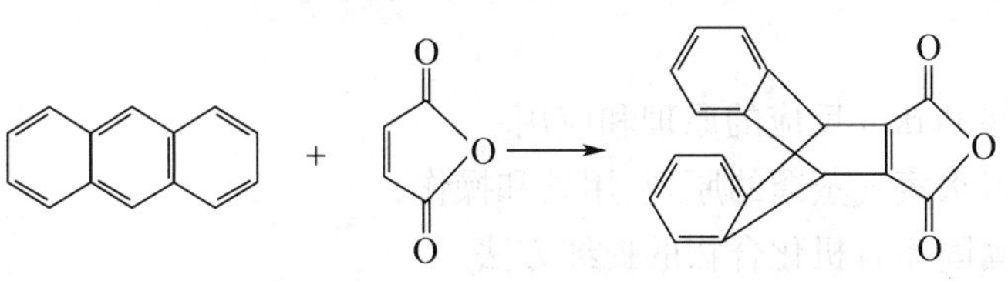

通常把 Diels - Alder 反应中的共轭二烯烃称做双烯体,与其进行反应的不饱和化合物称做亲双烯体。一般而言,共轭双烯化合物可以是有各种取代基的开链或环状的脂肪族化合物,也可以是某些芳香族化合物,如蒽、呋喃、噻吩等。含活泼双键或三键的化合物通常指 β - 碳带有吸电子基的不饱和羰基化合物,如马来酸酐、丙烯醛、对苯二醌、丙烯腈等。

改变共轭双烯化合物和含活泼双键或三键的化合物,可以得到多种类型的化合物,并且许多反应在常温或溶剂中加热即可进行,产率也比较高,在有机合成中有着广泛的应用。

[实验条件]

实验药品:蒽,顺丁烯二酸酐,二甲苯,苯,活性炭;

实验仪器:圆底烧瓶,量筒,移液管,电热套,冷凝管等,反应装置如图4-8所示。

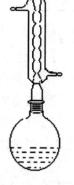

[操作步骤]

(1) 在100mL干燥的圆底烧瓶中加入2g蒽、1g顺丁烯二酸酐和25mL二甲苯,投入几粒沸石,装上回流冷凝管。

(2) 用电热套加热回流反应20~30min,冷却至室温。

(3) 在烧瓶中加入少量活性炭,继续加热回流约5min,趁热抽滤。

(4) 滤液冷却后,结晶析出,减压抽滤,晶体用少量苯洗涤。

(5) 产品置于干燥箱内干燥后称重,计算产率。

图4-8 反应装置图

[注意事项]

(1) 查阅手册,了解蒽的毒性。

(2) 本实验中产物的产量为2~2.5g。

(3) 纯9,10-二氢蒽-9,10-内桥-α,β-丁二酸酐为无色晶体,熔点为258~259℃。

[思考题]

(1) 为什么蒽与顺丁烯二酸酐可发生Diels-Alder反应?

(2) 为什么蒽与顺丁烯二酸酐的反应一般发生在蒽的9,10位上?

实验4.17 Perkin反应:肉桂酸的制备

[实验目的]

(1) 掌握Perkin反应的原理和应用;

(2) 复习水蒸气蒸馏的原理、用处和操作;

(3) 巩固固体有机化合物的提纯方法。

[基本原理]

芳香醛和酸酐在碱性催化剂作用下,发生亲核加成反应,然后脱去一分子羧酸生成α,β-不饱和芳香酸,这个反应称为Perkin反应。催化剂通常是相应酸酐的羧酸钾或钠盐,也可是碳酸钾或叔胺。碱的作用是促使酸酐烯醇化。

利用Perkin反应,将苯甲醛与酸酐混合后在相应的羧酸盐存在下加热,可以制得肉桂酸。反应首先是乙酸酐在碳酸钾(或无水乙酸钾)的作用下生成乙酸酐的负碳离子,然后负碳离子和芳香醛发生亲核加成反应,经一系列中间体后产生不饱和酸酐,经水解得到肉桂酸。

$$\text{C}_6\text{H}_5\text{CHO} + (\text{CH}_3\text{CO})_2\text{O} \xrightarrow[150\sim170℃]{\text{K}_2\text{CO}_3} \text{C}_6\text{H}_5\text{CH=CHCOOK}$$

$$\text{C}_6\text{H}_5\text{CH=CHCOOK} + \text{CH}_3\text{COOH} \xrightarrow{\text{HCl}} \text{C}_6\text{H}_5\text{CH=CHCOOH}$$

肉桂酸(Cinnamic acid,IUPAC 名:(E) – 3 – 苯基 – 2 – 丙烯酸)是一种无臭的白色晶体,分子式为 $C_6H_5CHCHCOOH$,熔点为 133℃,沸点为 300℃,溶于乙醇、甲醇、石油醚、氯仿,易溶于苯、乙醚、丙酮、冰醋酸、二硫化碳及油类,微溶于水。可用于香精香料、食品添加剂、化妆品的合成。

[实验条件]

实验药品:苯甲醛,无水碳酸钾,无水碳酸钠,乙酸酐,浓盐酸,活性炭;

实验仪器:三口烧瓶,空气冷凝管,水蒸气蒸馏装置,蒸馏头,直形冷凝管,接收弯头,锥形瓶,烧杯,电热套。

[操作步骤]

(1)在 100mL 的三口烧瓶中加入 4.1g 研细的无水碳酸钾、3.0mL 新蒸馏的苯甲醛、5.5mL 乙酸酐,振荡使其混合均匀。

(2)在三口烧瓶的中间口接空气冷凝管,侧口一侧装上温度计,另一侧用塞子塞上。用电热套低功率加热使其回流,反应液始终保持在 150~170℃,使反应回流进行 1h。

(3)取下三口烧瓶,向其中加入 20mL 蒸馏水 10.0g 碳酸钠,摇动烧瓶使固体溶解。然后进行水蒸气蒸馏。注意要尽可能地使蒸气产生速度快,直到蒸出液中无油珠为止。

(4)卸下水蒸气蒸馏装置,向三口烧瓶中加入约 1.0g 活性炭,加热沸腾 2~3min。

(5)趁热进行过滤,将滤液转移至干净的 200mL 烧杯中,慢慢地用浓盐酸进行调节至明显的酸性(约 25mL)。

(6)冷却至肉桂酸充分结晶后,减压抽滤,晶体用少量冷水洗涤。

(7)在 100℃下干燥,称重(2~2.5g),计算产率。

[注意事项]

(1)Perkin 反应所用仪器必须彻底干燥(包括称取苯甲醛和乙酸酐的量筒)。可用无水碳酸钾和无水醋酸钾作为缩合剂,但不能用无水碳酸钠。回流时加热强度不能太大,否则会把乙酸酐蒸出。

(2)进行脱色操作时一定要取下烧瓶,稍冷却后再加热活性炭。热过滤时动作要快,布氏漏斗要事先由沸水中加热。

(3) 进行酸化时要慢慢加入浓盐酸,不要加入太快,以免产品冲出烧杯造成损失。

(4) 肉桂酸要结晶彻底,进行冷过滤;不能用太多水洗涤产品。

[思考题]

(1) 反应回流完毕后加入 Na_2CO_3,使溶液呈碱性,此时溶液中有几种化合物,各以什么形式存在?

(2) 实验中为什么不能用 NaOH 代替 Na_2CO_3 来中和水溶液?

(3) 用水蒸气蒸馏除去什么? 能不能不用水蒸气蒸馏?

实验 4.18 Cannizzaro 反应:呋喃甲醇和呋喃甲酸的制备

[教学目的]

(1) 了解 Cannizzaro 反应的基本原理和应用;

(2) 掌握利用 Cannizzaro 反应制备呋喃甲醇和呋喃甲酸的操作方法;

(3) 巩固洗涤、萃取、简单蒸馏、减压过滤和重结晶等操作。

[基本原理]

无 α - 氢的醛与浓的强碱溶液作用,发生分子间的自身氧化还原反应,一分子醛被还原成醇,另一分子醛被氧化成酸,此类反应称为坎尼扎罗(Cannizzaro)反应。意大利化学家斯塔尼斯拉奥·坎尼扎罗用草木灰处理苯甲醛,得到了苯甲酸和苯甲醇,首先发现了这个反应,反应名称也由此得来。

呋喃甲醇和呋喃甲酸就是由呋喃甲醛经 Cannizzaro 反应制得。反应方程式和反应机理如下所示:

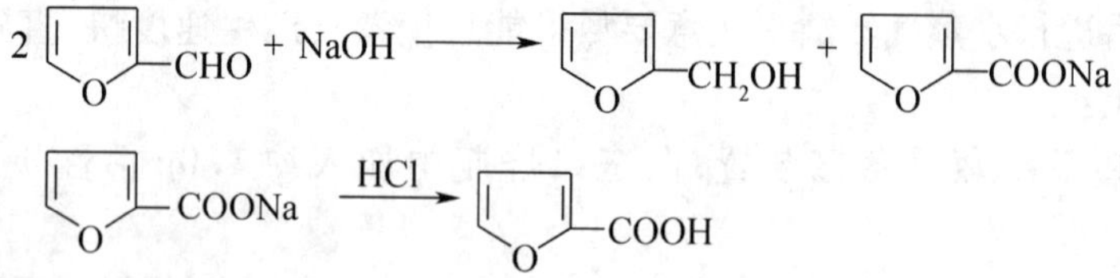

$$2 \text{(furan)}-CHO + NaOH \longrightarrow \text{(furan)}-CH_2OH + \text{(furan)}-COONa$$

$$\text{(furan)}-COONa \xrightarrow{HCl} \text{(furan)}-COOH$$

反应机理:

质子转移

100

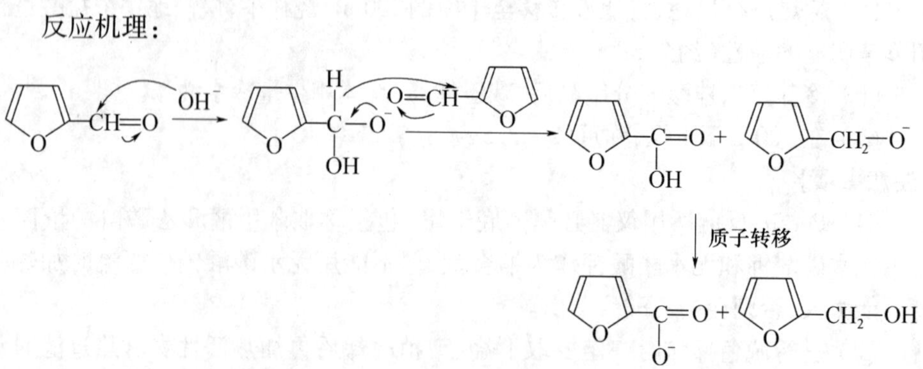

呋喃甲醇(furfuryl alcohol),分子式为 $C_4H_3CH_2OH$,熔点为 $-31℃$,沸点为 $171℃$。呋喃甲醇是无色易流动液体,遇空气变为黑色,具有特殊的苦辣气味,对人体健康有危害,主要用于合成树脂和加工染料等。

呋喃甲酸(2-furoic acid),分子式为 $C_5H_4O_3$,熔点为 $129 \sim 133℃$,沸点为 $230 \sim 232℃$。呋喃甲酸是抗菌素的一种,是指从青霉菌培养液中提制的分子中含有青霉烷、能破坏细菌的细胞壁并在细菌细胞的繁殖期起杀菌作用的一类抗生素,是第一种能够治疗人类疾病的抗生素。

在碱的催化下,反应结束后产物为呋喃甲醇和呋喃甲酸盐,其中呋喃甲酸盐易溶于水,呋喃甲醇则易溶于有机溶剂,因此利用萃取的方法可以有效分离两组分。有机层通过蒸馏可得到呋喃甲醇,水层通过盐酸酸化即可得到呋喃甲酸。

[实验条件]

实验药品:呋喃甲醛,氢氧化钠溶液(43%),乙醚,盐酸,聚乙二醇,无水硫酸镁;

实验仪器:水浴蒸馏装置,搅拌器,圆底烧瓶,球形冷凝管,空气冷凝管,蒸馏头,接引管,锥形瓶,分液漏斗,吸滤瓶,布氏漏斗,烧杯。

[操作步骤]

(1)准确量取 8mL 氢氧化钠溶液(43%)加入到 100mL 烧杯中,然后加入 2g 聚乙二醇(相对分子质量为 400),充分摇匀。

(2)将烧杯置于冰水浴中冷却至 5℃左右,在不断搅拌下由滴液漏斗慢慢加入 10mL 新蒸过的呋喃甲醛,控制滴加速度,保持反应温度在 $8 \sim 12℃$,滴加完后在室温下继续搅拌 25min,得到淡黄色浆状物。

(3)在搅拌下加入约 15mL 水,使沉淀完全溶解,溶液呈暗褐色或暗红色;将反应液转入分液漏斗中,每次用 10mL 乙醚萃取,重复 4 次。

(4)合并 4 次的乙醚萃取液,用无水硫酸镁(约 2g)干燥;合并乙醚萃取后的水溶液,备用。

(5)将干燥后的液体水浴蒸馏,首先蒸去乙醚,再蒸馏呋喃甲醇,收集 $169 \sim 172℃$ 的馏分,产率为 68% ~84%。

(6)在搅拌下用盐酸(25%)酸化乙醚萃取后的水溶液(主要含呋喃甲酸钠),至刚果红试纸变蓝(pH=3),约需 25% 盐酸 18mL。

(7)充分冷却,使呋喃甲酸析出完全,抽滤,用少量水洗涤。

(8)粗产物用水重结晶,得白色针状结晶体呋喃甲酸,产率约 68%。

[注意事项]

(1)呋喃甲醛存放过久会变成棕褐色,因此使用前需蒸馏提纯,收集 $155 \sim 162℃$ 的馏分。最好采用减压蒸馏,收集 $54 \sim 55℃/2.3kPa$ 的馏分。

(2)反应在两相中进行,用聚乙二醇(400)作相转移催化剂。

(3)反应开始后很剧烈,同时大量放热,溶液颜色变暗。若反应温度高于

12℃,则反应温度极易升高,难以控制,致使反应液呈深红色。若低于 8℃时,则反应速度过慢,可能使部分呋喃甲醛积累,一旦反应发生就会过于猛烈,使温度迅速升高,增加副反应,最终也可导致反应物变成深红色。

（4）第（3）步操作中,加入适量的水使固态的呋喃甲酸钠溶解,若加水过量会导致部分产品损失。

（5）酸量一定要加足,保证酸化后 pH ＝ 3,使呋喃甲酸充分游离出来。这是影响呋喃甲酸收率的关键。

（6）注意乙醚的使用注意事项。

[思考题]

（1）反应过程中为什么要振摇? 淡黄色浆状物是什么?

（2）本实验根据什么原理分离呋喃甲醇和呋喃甲酸?

（3）乙醚萃取后的水溶液,酸化到中性是否最合适? 为什么?

实验 4.19　格氏反应:三苯甲醇的制备

[教学目的]

（1）了解格氏试剂的制备、应用和反应条件;

（2）巩固搅拌、回流、水蒸气蒸馏及重结晶等操作;

（3）掌握格氏反应制备三苯甲醇的原理及方法。

[基本原理]

卤代烃在无水乙醚或 THF 中和金属镁作用生成烷基卤化镁 RMgX,这种有机镁化合物称作格氏试剂（Grignard Reagent）。格氏试剂可以与醛、酮等化合物发生加成反应,经水解后生成醇,这类反应称作格氏反应（Grignard Reaction）。格氏试剂是由法国化学家格林尼亚（V. Grignard）发明的。格林尼亚因此获得了 1912 年的诺贝尔化学奖。

格氏试剂是一种非常活泼的试剂,它能起很多反应,是重要的有机合成试剂。最常用的反应是格氏试剂与醛、酮、酯等羰基化合物发生亲核加成生成仲醇或叔醇。三苯甲醇就是通过格氏试剂苯基溴化镁与苯甲酸乙酯反应制得。

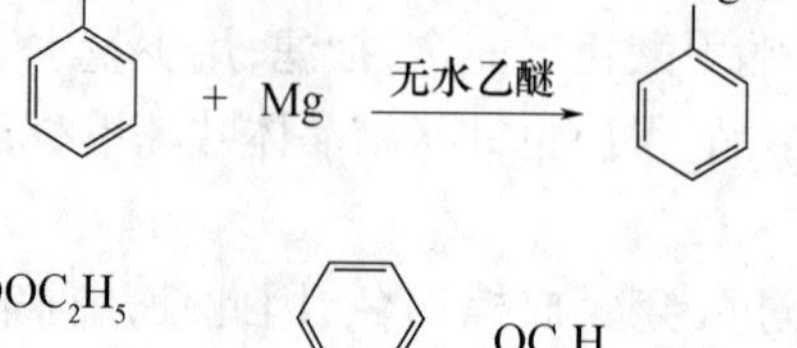

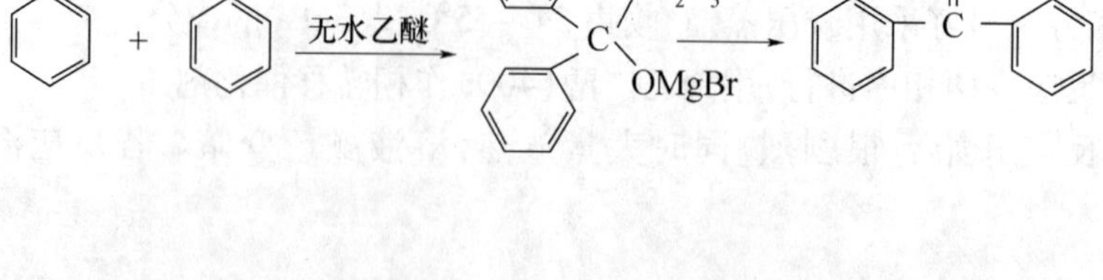

102

三苯甲醇（triphenylcarbinol），化学式为（C_6H_5）$_3$COH，片状晶体，其熔点为164.2℃，沸点为380℃，不溶于水和石油醚，但溶于乙醇、二乙醚、乙醚、丙酮和苯，溶于浓硫酸显黄色。在强酸溶液中，它产生强烈的黄色，由于形成稳定的"三苯甲基"的碳正离子，主要用于有机合成中间体。

[实验条件]

实验药品：溴苯，镁条，苯甲酸乙酯，无水乙醚，碘，氯化铵，石油醚，乙醇（95%），无水氯化钙；

实验仪器：三口烧瓶，搅拌器，球形冷凝管，滴液漏斗，干燥管，直形冷凝管，分液漏斗，蒸馏头，接引管，锥形瓶等。

[操作步骤]

1. 苯基溴化镁的制备

（1）在100mL 三口烧瓶上分别安装搅拌器、冷凝管及滴液漏斗，在冷凝管及滴液漏斗的上口安装氯化钙干燥管。

（2）在三口烧瓶内加入剪好的镁带（或镁粉）0.7g 和无水乙醚 5mL，恒压滴液漏斗中加入溴苯 2.7mL 和无水乙醚 15mL，摇匀。

（3）量取溴苯溶液约 3mL，倒入烧瓶中，加入一粒碘，引发格氏反应。待反应缓和后，开动搅拌，继续滴加剩余溴苯溶液，控制滴加速度，使反应保持微沸状态。加完后，加热回流 20min，冷却得苯基格氏试剂溶液。

2. 三苯甲醇的制备

（1）将已制好的苯基溴化镁试剂置于冷水浴中冷却，在搅拌下缓慢滴加苯甲酸乙酯 2mL 的无水乙醚（10mL）溶液，滴加完毕，加热回流 30min。

（2）冷水浴中冷却，缓慢滴入饱和氯化铵溶液 30mL，搅拌使其全部溶解。

（3）转入分液漏斗中，分出醚层，水层用乙醚 20mL 萃取，合并醚层，分尽水分后硫酸镁干燥 20min。

（4）将乙醚溶液滤入 100mL 烧瓶中，小火蒸出绝大部分乙醚（回收），冷却，加入石油醚 10mL，搅拌 5min，抽滤得产品三苯甲醇粗产物。

（5）粗产物用 95% 的乙醇—石油醚重结晶得到纯的三苯甲醇。

103

（6）称重，计算产率。

[注意事项]

（1）整个反应过程中仪器必须是干燥的，所用试剂必须预先处理成无水的。

（2）镁条除去表面氧化膜并剪成屑状，是为了增加反应表面积。

（3）溴苯不宜加入过快，否则会使反应过于激烈，且产生较多副产物联苯。

（4）加入氯化铵分解产物，若有白色絮状物产生，可加入少量稀盐酸。

（5）所用溶剂乙醚、石油醚及产品必须回收。

[思考题]

（1）格氏反应的原理是什么？为什么整个过程要无水干燥？

（2）本实验中溴苯加入太快或一次加入，有什么不好？

（3）如乙醚中含有乙醇，对反应有何影响？

（4）本反应主要包含哪些副反应？最终乙醚萃取液中可能含有哪些物质？

实验4.20　相转移催化反应:7,7-二氯双环[4,1,0]庚烷的合成

[教学目的]

（1）了解相转移催化反应的原理和应用；

（2）掌握季铵盐类化合物的合成方法；

（3）掌握液体有机化合物分离和提纯的实验操作技术。

[基本原理]

在有机合成中常遇到有水相和有机相参加的非均相反应，这些反应速度慢，产率低，条件苛刻，有些甚至不能发生。1965年，Makosza发现冠醚类和季铵盐类化合物具有使水相中的反应物转入有机相中的本领，从而使非均相反应转变为均相反应，反应速度加快，产率提高，并使一些不能进行的反应顺利完成，开辟了相转移催化（Phase Transfer Catalysis，PTC）反应这一新的合成方法。

相转移催化反应具有反应速度快、温度低、操作简单、选择性好、产率高等优点，而且不需要价格高的无水体系或非质子极性溶剂。

季铵盐类化合物是应用最多的相转移催化剂，具有同时在水相和有机相溶解的能力。其中烃基是油性基团，带正电的铵是水溶性基团，季铵盐的正负离子在水相形成离子对，可以将负离子从水相转移到有机相，而在有机相中，负离子无溶剂化作用，反应活性大大增加。如三乙基苄基氯化铵（Triethyl benzyl ammonium chloride，TEBA），常用作多相反应中的相转移催化剂，具有盐类的特性，是结晶性的固体，能溶于水。在空气中极易吸湿分解。TEBA可由三乙胺和氯化苄直接作用制得。反应方程式为

$$\text{\textcircled{benzene}}-CH_2Cl + N(C_2H_5)_3 \longrightarrow \left[\text{\textcircled{benzene}}-CH_2\overset{\oplus}{N}(C_2H_5)_3\right]Cl^{\ominus}$$

反应一般可在二氯乙烷、苯、甲苯等溶剂中进行,生成的产物 TEBA 不溶于有机溶剂而以晶体析出,过滤即得产品。

卡宾(H_2C:)是非常活泼的反应中间体,价电子层只有 6 个电子,是一种强的亲电试剂。卡宾的特征反应有碳氢键间的插入反应及对 $C=C$ 和 $C\equiv C$ 键的加成反应,形成三元环状化合物,二氯卡宾(Cl_2C:)也可对碳氧双键加成。产生二卤代卡宾的经典方法之一是由强碱如叔丁醇钾与卤仿反应,这种方法要求严格的无水操作,因而不是一种方便的方法。在相转移催化剂存在下,于水相 – 有机相体系中可以方便地产生二卤代卡宾,并进行烯烃的环丙烷化反应。

本实验采用 TEBA 作为相转移催化剂,在氢氧化钠水溶液中进行二氯卡宾对环己烯的加成反应,合成二氯双环[4,1,0]庚烷,所涉及的反应如下:

$$CHCl_3 + NaOH \xrightarrow{H_2O} Cl_3C^-Na^+ \xrightarrow{NaCl} Cl_2C:$$

$$\text{\textcircled{cyclohexene}} + Cl_2C: \longrightarrow \text{\textcircled{product with }Cl, Cl}$$

其反应机理如下所示:

水相反应 $\quad R_4N^+Cl^- + NaOH \Longleftrightarrow R_4N^+OH^- + NaCl$

$$R_4N^+OH^-$$
$$+$$
$$CHCl_3$$

有机相反应 $\quad R_4N^+Cl^- + Cl_2C: \Longleftrightarrow R_4N^+OH^-Cl_3 + H_2O$

[实验条件]

实验药品:环己烯,氯仿,石油醚,盐酸,TEBA,氢氧化钠溶液(50%),无水硫酸镁;

实验仪器:圆底烧瓶,球形冷凝管,电热套,抽滤装置,分馏柱,四口烧瓶,搅拌器,滴液漏斗,温度计,电子天平。

[操作步骤]

(1)在150mL 四口烧瓶上分别安装搅拌器、冷凝管、滴液漏斗和温度计。在瓶中加入 10mL 环己烯、24mL 氯仿和 0.4g 的 TEBA。

(2)用电热套加热至 40~45℃,开动搅拌,开始滴加 24mL 氢氧化钠溶液(50%)并停止加热,使混合物自动升温并形成乳浊液,并于 20min 内自行升温 50~55℃并保持。约 0.5h 内滴加完毕。

（3）当温度自动下降至 35℃ 时,加入 50mL 水稀释,将反应液倒入分液漏斗中,静置分液。碱液水层用 15mL 石油醚萃取 2 次,与有机相合并,再用 25mL 盐酸洗涤一次,再用 25mL 水洗涤 2 次至中性。

（4）用无水硫酸镁干燥至形成澄清溶液。将干燥后的溶液滤入 100mL 圆底烧瓶中,低温下蒸出石油醚、氯仿及未反应的环己烯。

（5）减压过滤。于低于 3kPa 条件下减压蒸馏所剩的液体,收集 89℃ 左右的馏分,称量,计算产率。

[注意事项]

（1）搅拌速度影响反应速率。

（2）氢氧化钠溶液滴入会使反应自动升温,注意控温,不要超过 55℃。

（3）相转移剂的加入要适量,过少反应难进行;过多产品分离困难。

（4）注意洗涤、萃取操作中上、下层的取舍。水层要分尽,干燥要彻底。

（5）分液时若出现泡沫乳化层,该乳化层不溶于水,也不溶于石油醚,可过滤处理。

[思考题]

（1）什么季铵盐能作为相转移催化剂?

（2）在制备实验中为什么用搅拌反应装置? 怎样操作才合理?

（3）操作第(3)步的萃取中,石油醚萃取什么物质? 用同样体积的石油醚,一次萃取好,还是多次萃取好?

（4）反应过程中,怎样才能控制好反应温度为 50～55℃,温度高低对反应有何影响?

实验 4.21　皂化反应:透明皂的制备

[教学目的]

（1）了解透明皂的性能、特点和用途;

（2）熟悉配方中各原料的作用;

（3）掌握透明皂制备的操作技巧。

[基本原理]

肥皂是高级脂肪酸金属盐(钠、钾盐为主)类的总称,包括软皂、硬皂、香皂和透明皂等。肥皂是最早使用的洗涤用品,对皮肤刺激性小,具有便于携带、使用方便、去污力强、泡沫适中和洗后容易去除等优点。去污原理是其分子有一端由许多碳和氢所组成的长链,称为亲油端;另一端则为亲水性的原子团,称为亲水端。使用时,油污被亲油端吸附着,再由亲水端牵入水中,达到洗净效果。

肥皂是通过皂化反应制备的。皂化反应是碱(通常为强碱)催化下的酯被水解,而产生出醇和羧酸盐,尤指油脂的水解。狭义地讲,皂化反应仅限于油脂与氢氧化钠或氢氧化钾混合,得到高级脂肪酸的钠/钾盐和甘油的反应。这个反应是制造肥皂流程中的一步,因此而得名,其反应机制于 1823 年被法国科学家 Eugène Chevreul 发现。

本实验以牛羊油、椰子油、麻油等含不饱和脂肪酸较多的油脂为原料,与氢氧化钠溶液发生皂化反应而制备透明皂,其反应式如下:

$$
\begin{array}{l}
CH_2OOCHR_1 \\
| \\
CH_2OOCHR_2 + 3NaOH \\
| \\
CH_2OOCHR_3
\end{array}
\longrightarrow
\begin{array}{l}
CH_2OH \\
| \\
CH_2OH + R_1COONa + R_2COONa + R_3COONa \\
| \\
CH_2OH
\end{array}
$$

反应后不用盐析,将生成的甘油留在体系中增加透明度。然后加入乙醇、蔗糖作透明剂促使肥皂透明,并加入结晶阻化剂有效提高透明度,这样可制得透明、光滑的透明皂作为皮肤清洁用品。

实际上,不同种类的油脂,由于其组成有别,皂化时需要的碱量不同。碱的用量与各种油脂的皂化值(完全皂化 1g 油脂所需的氢氧化钾的毫克数)和酸值有关。表 4 – 4 是一些油脂的皂化值。

表 4 – 4　一些油脂的皂化值

油脂	椰子油	花生油	棕仁油	牛油	猪油
皂化值	185	137	250	140	196

[实验条件]

实验药品:牛油,椰子油,蓖麻油,蔗糖,结晶阻化剂,NaOH 溶液(30%),乙醇,甘油,香蕉香精;

实验仪器:电子天平,水浴装置,搅拌器,烧杯,漏斗,过滤装置,电热套。

[操作步骤]

(1)在 400mL 烧杯中依次加入 13g 牛油和 13g 椰子油,置于 75℃ 热水浴混合融化(如有杂质,趁热过滤,保持油脂澄清),然后加入 10g 蓖麻油,搅拌均匀,控制温度在 75℃ 左右。

(2)在 250mL 烧杯中加入 30% 的 NaOH 溶液 20g,95% 的乙醇 6g 和结晶阻化剂 2g,混合均匀后快速加入到上述烧杯中。

(3)控制温度在 75℃ 左右,匀速搅拌 1.5h,完成皂化反应(取少许样品溶解在蒸馏水中呈清晰状),停止加热。

(4)在 50mL 烧杯中加入 3.5g 甘油、10g 蔗糖和 10mL 蒸馏水,搅拌均匀并预热至 80℃,然后加入上述反应液中,搅拌均匀,降温至 60℃。

(5)加入香蕉香精,继续搅拌均匀后,倒入冷水冷却的冷模或大烧杯中,迅速凝固,得到透明、光滑的透明皂。

[思考题]

(1)为什么制备透明皂不用盐析,反而加入甘油?

(2) 为什么蓖麻油不与其他油脂一起加入,而在加碱前才加入?

(3) 制透明皂若油脂不干净怎样处理?

实验 4.22　Williamson 反应:苯氧乙酸的合成

[教学目的]

(1) 了解利用 Williamson 反应制备苯氧乙酸的原理和方法;

(2) 练习回流、滴液和抽滤等操作。

[基本原理]

Williamson 反应是制备混合醚的一种方法,是由卤代烃与醇钠或酚钠作用而得,是一种双分子亲核取代反应(S_N2)。最早由亚历山大·威廉姆逊于 1852 年发表在英国化学会志第 4 卷第 229 页。其反应机理是醇羟基在碱性条件下形成醇负离子,进攻卤代烃的碳正中心,卤代烃脱去卤素形成醚键。

本实验以苯酚钠和氯乙酸为原料,通过 Williamson 反应制备苯氧乙酸,其反应方程式为

可能发生的副反应为

$$ClCH_2COOH + NaOH \longrightarrow HOCH_2COOH + NaCl$$

苯氧乙酸(phenoxyacetic acid)是一种白色针状结晶,分子式为 $C_8H_8O_3$,熔点为 $97 \sim 99℃$,沸点为 $285℃$(部分分解),溶于热水、乙醇、乙醚、冰醋酸、苯、二硫化碳等,可以用来生产青霉素、除草剂、染料、杀虫剂、杀菌剂、植物激素和中枢神经兴奋药物的中间体等。

[实验条件]

实验药品:氯乙酸,苯酚,饱和碳酸钠溶液,氢氧化钠溶液(35%),乙醇(95%),浓盐酸;

实验仪器:烧杯,滴液漏斗,三口烧瓶,球形冷凝管,电热套,抽滤装置。

[操作步骤]

(1) 在小烧杯中加入 1.9g 氯乙酸,用 2mL 的水溶解。搅拌下滴加饱和碳酸钠水溶液至溶液 pH 值为 $9 \sim 10$,得氯乙酸钠溶液。

(2) 在装有恒压滴液漏斗、球形冷凝管的三口烧瓶中加入 1.5g 苯酚、2mL 氢

108

氧化钠溶液(35%)、2.5mL乙醇和几粒沸石,加热使苯酚溶解,得到苯酚钠溶液。

（3）将氯乙酸钠溶液加入滴液漏斗,慢慢滴入到反应瓶中,继续回流30min,反应过程中注意反应体系的pH值,使pH值维持在9~10之间,若pH值小于9,补加氢氧化钠溶液,若pH值大于10,补加稀盐酸。

（4）反应完毕后,停止加热,冷却,拆除滴液漏斗和回流冷凝管。

（5）加5mL水稀释,转移到小烧杯中,在冰水浴中用浓盐酸酸化至pH值为1.0,充分搅拌后抽滤,得到苯氧乙酸粗产物。

（6）干燥后用5mL乙醇—水混合溶液(3:2)重结晶,得白色晶体。

[注意事项]

（1）先用饱和碳酸钠溶液将氯乙酸变为氯乙酸钠时,为了防止氯乙酸水解,不用氢氧化钠,而且滴加碱液的速度宜慢。

（2）乙醇的作用是增加苯酚的溶解性。

（3）反应过程中,滴加氯乙酸钠溶液时,如果滴加过快,氯乙酸有可能水解,使产率降低。

[思考题]

（1）在制备苯氧乙酸的过程中,pH值应该控制在什么范围,过低或者过高会有什么不良后果?

（2）什么是Williamson醚合成法?对原料有什么要求?

（3）芳环上的卤化反应有哪些方法?本实验所用方法有什么优缺点?

（4）在制备苯氧乙酸的过程中加入乙醇,对控制化学反应有什么作用?

实验4.23　Knoevenagel反应:香豆素–3–羧酸的制备

[教学目的]

（1）了解香豆素类化合物在自然界中的存在形式及其生物学意义;

（2）学习利用Knoevenagel反应制备香豆素衍生物的原理和方法;

（3）了解酯水解法制备羧酸。

[基本原理]

香豆素,又名香豆精、1,2–苯并吡喃酮,为顺势邻羟基肉桂酸的内酯。白色斜方晶体或结晶粉末,存在于许多天然植物中,它最早于1820年从香豆的种子中发现获得,也存在于薰衣草、桂皮的精油中。香豆素具有香茅草的香气,是重要的香料,常作为定香剂,可用于配制香水、花露水、香精等,也用于一些橡胶和塑料制品,其衍生物还可以用作农药。由于天然植物中香豆素含量很少,大多数是通过合成获得的。

1868年,Perkin采用邻羟基苯甲醛(水杨醛)与乙酸酐、乙酸钾一起加热制得了香豆素,该方法也被称为Perkin合成法。

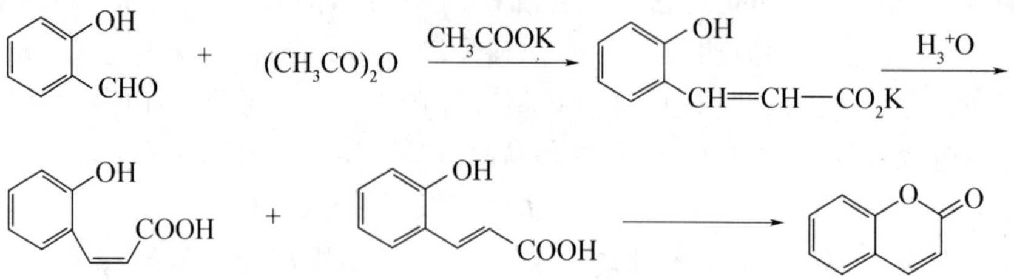

但是，Perkin 法存在反应时间长、反应温度高、产率有时较低等缺点。本实验采用水杨醛和丙二酸二乙酯在有机碱的催化下，可在较低温度下合成香豆素的衍生物香豆素 – 3 – 羧酸。

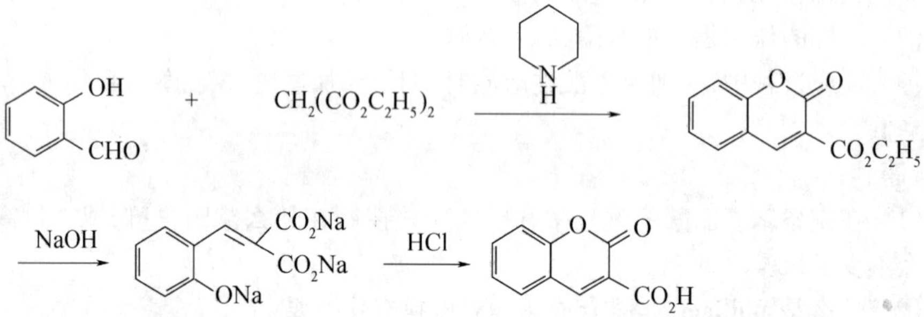

这种在有机碱催化作用下促进羟醛缩合反应的方法称作 Knoevenagel 反应。该法将 Perkin 法中的酸酐改为活泼亚甲基化合物，需要有一个或两个吸电子基团增加亚甲基氢的活泼性，同时，采用碱性较弱的有机碱作为反应介质，避免了醛的自身缩合，扩大了缩合反应的原料使用范围。

本实验中除了要加入有机碱六氢吡啶外，还需加入少量冰醋酸。

[实验条件]

实验药品：水杨醛，丙二酸二乙酯，无水乙醇，六氢吡啶，冰醋酸，乙醇（95%），氢氧化钠，浓盐酸，无水氯化钙，沸石；

实验仪器：圆底烧瓶，冷凝管，干燥管，锥形瓶，减压过滤装置，水浴装置。

[操作步骤]

1. 香豆素 – 3 – 甲酸乙酯的制备

（1）在干燥的圆底烧瓶中，加入 4.9g 水杨醛、7.25g 丙二酸二乙酯、25mL 无水乙醇、0.5mL 六氢吡啶和 1~2 滴冰醋酸，放入 2 粒沸石。

（2）安装回流冷凝管，冷凝管上口安放氯化钙干燥管，水浴加热回流 2h。

（3）将反应所得混合液转入锥形瓶内，加水 3~5mL，冰水浴冷却使产物结晶析出完全，减压过滤，晶体用冰却的乙醇（50%）洗涤 2 次（每次 3~5mL）。

（4）将上述所得固体用 25% 乙醇重结晶。

（5）干燥、称量，计算此步反应的产率。

110

2. 香豆素 – 3 – 羧酸的制备

（1）在圆底烧瓶中,加入 4.0g 香豆素 – 3 – 甲酸乙酯、3.0g 氢氧化钠、20mL 乙醇和 10mL 水,再加入 2 粒沸石。

（2）装上回流冷凝管,水浴加热回流,使酯和氢氧化钠全部溶解后,再继续回流加热 15min。

（3）将反应所得液体趁热倒入由 15mL 浓盐酸和 50mL 水混合而成的稀盐酸中进行酸化,有大量白色晶体析出。

（4）冰水浴冷却使晶体析出完全,减压过滤,少量冰水洗涤晶体 2 次,抽滤得香豆素 – 3 – 羧酸粗产物。

（5）粗产物进一步用水进行重结晶纯化。

（6）干燥、称量,计算反应的产率。

[注意事项]

（1）加入 50% 乙醇溶液的作用是洗去粗产物中的黄色杂质。

（2）纯香豆素 – 3 – 羧酸熔点为 190℃（分解）。

（3）水杨醛或者丙二酸酯过量,都可使平衡向右移动,提高香豆素 – 3 – 甲酸乙酯的产率。可使水杨醛过量,因为其极性大,后处理容易。

[思考题]

（1）试写出 Knoevenagel 法制备香豆素 – 3 – 羧酸的反应机理。

（2）羧酸盐在酸化得羧酸沉淀操作中如何避免酸的损失,提高酸的产量?

（3）以自然界中存在的香豆素为对象,查阅文献和资料写一篇关于香豆素的合成与应用的综述。

实验 4.24　Reimer – Tiemann 反应:香草醛的合成

[教学目的]

（1）通过 Reimer – Tiemann 反应合成香草醛,了解相转移反应的应用;

（2）掌握香草醛的制备方法;

（3）掌握利用红外光谱表征香草醛等有机化合物结构。

[基本原理]

香草醛,又名香兰京(Vanillin),学名 3 – 甲氧基 – 4 – 羟基苯甲醛,分子式为 $C_8H_8O_3$,是一种重要的香料,具有香荚兰豆的香气,广泛地用于各种调香。

香草醛的制备有多种方法。本实验采用相转移条件下的 Reimer – Tiemann 反应,以愈创木酚为原料合成香草醛。

Reimer – Tiemann 反应是氯仿在碱性条件下对富电子的芳香或芳杂环化合物的甲酰化反应。该反应通过氯仿在碱性条件发生消除反应,形成二氯碳烯,然后对富电子的芳环发生取代(一般发生于酚羟基的邻位、对位)和水解反应,形成甲酰化产物。本实验利用邻甲氧基苯酚(愈创木酚)在三乙胺存在下的 Reimer – Tiemann 反应合成香草醛,反应中形成的异香草醛副产物通过水蒸气蒸馏除去。反应方程式如下:

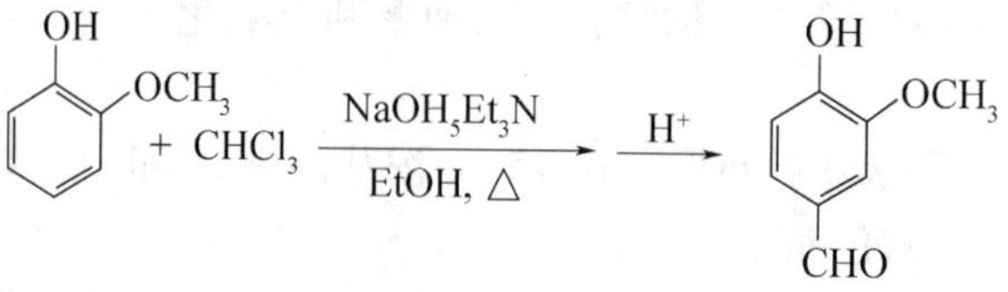

[实验条件]

实验药品:邻甲氧基苯酚,乙醇,氢氧化钠,三乙胺,氯仿,盐酸,乙醚;

实验仪器:电动搅拌器,回流冷凝管,滴液漏斗,三口烧瓶,电热套,电子天平。

[操作步骤]

(1) 在装有电动搅拌器、回流冷凝管和滴液漏斗的 100mL 三口烧瓶中,加入 3.1g 邻甲氧基苯酚、12mL 乙醇和 4g 氢氧化钠,并加入 0.2mL(邻甲氧基苯酚质量的 0.5%)三乙胺作相转移催化剂。

(2) 启动搅拌器,缓缓加热至回流。于 80℃ 左右滴加 2.5mL 氯仿,20min 滴完,于微沸下继续搅拌 1h。

(3) 向反应混合物中小心滴加 1mol/L 盐酸水溶液至中性。

(4) 抽滤除去 NaCl 固体,用约 10mL 乙醇分两次洗涤滤渣,收集滤液。

(5) 将滤液利用水蒸气蒸馏蒸出三乙胺、氯仿和 2 – 羟基 – 3 – 甲氧基苯甲醛(异香草醛),至无油珠出现为止。

(7) 剩余的反应液用乙醚萃取两次,每次乙醚用量为 10mL,合并萃取液,并用无水硫酸钠干燥。

(8) 滤去干燥剂后,水浴蒸馏除去乙醚,得香草醛白色固体产物。

(9) 粗产物进一步利用乙醇重结晶。

(10) 用红外光谱表征样品的结构,指出各主要吸收峰的归属。

[注意事项]

(1) 注意理解相转移催化的原理和方法。

(2) 纯香草醛的熔点为 81 ~ 83℃。

[思考题]

(1) 试写出本实验的反应机理。

(2) 若用对甲氧基苯酚代替邻甲氧基苯酚进行反应,将得到什么产物?

(3) 为什么异香草醛可用水蒸气蒸馏蒸出而香草醛则不能?

第5章 天然有机物的提取与分离

实验5.1 从茶叶中提取咖啡因

[教学目的]

    （1）了解提取天然产物生物碱的基本原理和方法；

    （2）学习从茶叶中提取咖啡因的方法；

    （3）掌握索氏提取器提取有机物的原理和使用方法。

[基本原理]

    茶是人们喜爱的天然饮料。茶叶中含有多种生物碱，其主要成分是含量占3%～5%的咖啡因、含量较少的茶碱和可可豆碱。此外，还含有11%～12%的丹宁酸以及叶绿素、纤维素和蛋白质等物质。咖啡因，学名1,3,7－三甲基－2,6－二氧嘌呤，属于杂环化合物嘌呤的衍生物，其结构式如下：

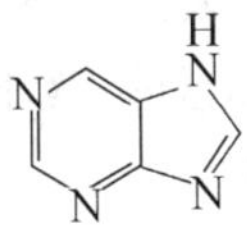

嘌呤 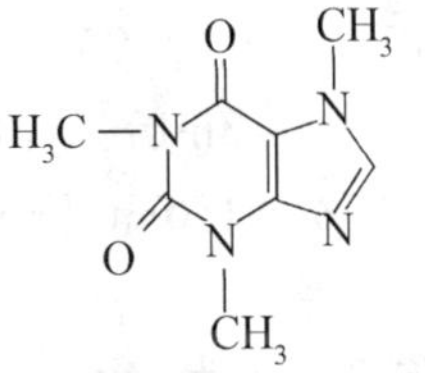   咖啡因

    咖啡因是一种白色针状的晶体，味苦，易溶于水、乙醇、丙酮、氯仿，微溶于石油醚，难溶于苯和乙醚。具有刺激心脏、兴奋大脑神经和利尿等作用，主要用做中枢神经兴奋药。含结晶水的咖啡因在100℃时失去结晶水并开始升华，120℃时升华显著，178℃时升华很快。因此，可先用适当溶剂从茶叶中提取出粗产物，再用碱除去单宁酸等杂质，最后用升华法进一步纯化。

    本实验以适量乙醇(95%)为溶剂，在索氏提取器中连续萃取，然后经浓缩、焙炒和升华等操作从茶叶中提取咖啡因。

    索氏提取器又叫脂肪提取器，它由三部分组成，下部为烧瓶，上部为球形冷凝管，中间为提取器。其提取原理如下：被提取物质置于提取器中，加热至沸腾后，溶剂蒸气通过上升管进入冷凝管，被冷凝为液体滴入提取器中。提取器内液体与固体进行液－固萃取。当液面超过虹吸管顶点时，萃取液自动流回烧瓶，经加热再蒸发、冷凝和萃取，如此循环，直至大部分可溶性固体物质被萃取并富集于烧瓶中为止。

[实验条件]

实验药品:乙醇(95%),氧化钙,茶叶;

实验仪器:索氏提取器,电热套,直形冷凝管,酒精灯,漏斗,电子天平。

[操作步骤]

1. 萃取

（1）按图 5-1 所示安装仪器,折好滤纸套筒,称取 10g 茶叶碾碎,置于索氏提取器的滤纸套筒中。

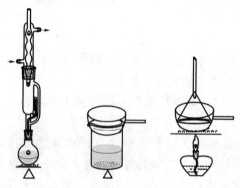

图 5-1　实验装置图

（2）在烧瓶中加入 120mL 乙醇(95%),并加入 2 粒沸石,用电热套加热回流,速度不宜过快。连续抽提 2.5~3h 后,待冷凝液恰好虹吸下去时,停止加热。

（3）冷却后,把液体转移到 150mL 锥形瓶中。

2. 浓缩

（1）将抽提液置于蒸馏装置中,加入 2 粒沸石,安装直形冷凝管。

（2）通冷凝水后,用电热套加热蒸馏。若溶液太多,开始加热时,加热速度不可太快,否则液体有可能暴沸。

（3）蒸去大部分乙醇(约 100mL),剩下 10mL 左右时,停止加热,用余热再蒸出部分乙醇。

3. 焙炒

（1）残液及沸石趁热倒入蒸发皿中,再在蒸发皿中加入研磨成粉末的 4g 氧化钙,用酒精灯小火加热,除去乙醇和水分。

（2）继续焙炒直至残液全部变成干燥固体后,冷却,用滤纸擦干净沾在蒸发皿边缘的粉末,以免下一步升华时污染产物。

4. 升华

（1）在蒸发皿上倒扣一个干燥的玻璃漏斗,漏斗的颈部塞有蓬松的棉花。蒸发皿和漏斗之间用滤纸相隔,其直径稍大于漏斗,滤纸上用针刺数个小孔。

（2）蒸发皿用酒精灯隔着石棉网缓慢加热,适当控温,当发现有棕色烟雾时,即升华完毕,停止加热。

（3）冷却后,取下漏斗,轻轻揭开滤纸,刮下咖啡因,残渣经搅拌后,用较大火再加热片刻,使其升华完全。合并几次升华的咖啡因。

（4）称重,记录数据。

[注意事项]

（1）滤纸筒的直径要略小于抽提筒的内径,其高度一般要超过虹吸管,但是样品不得高于虹吸管。

（2）提取过程中,生石灰起中和及吸水作用。

（3）索式提取器的虹吸管极易折断,安装装置和取拿时必须特别小心。

（4）蒸发皿上覆盖刺有小孔的滤纸是为了避免已升华的咖啡因回落入蒸发皿中,纸上的小孔应保证蒸气通过。漏斗颈塞棉花,防止咖啡因蒸气逸出。

（5）回流提取时,应控制好加热的速率。若提取液的颜色很淡时,即可停止提取。

[思考题]

（1）如何提高萃取的效率? 在萃取液中,可能含有哪些物质?

（2）加入生石灰粉的作用是什么?

（3）升华方法适应哪些物质的纯化? 如何改进升华的实验方法?

实验 5.2　黄连素的提取

[教学目的]

（1）掌握生物碱提取的原理和方法;

（2）巩固减压蒸馏操作技术;

（3）了解黄连素的应用及结构鉴定方法。

[基本原理]

黄连为我国特产药材之一,有很强的抗菌力,对急性结膜炎、口疮、急性细菌性痢疾、急性肠胃炎等均有很好的疗效。黄连中含有多种生物碱,以黄连素(俗称小檗碱 Berberine)为主要有效成分,其含量为 4% ~10%。

黄连素是黄色针状体,微溶于水和乙醇,较易溶于热水和热乙醇中,几乎不溶于乙醚。黄连素的盐酸盐、氢碘酸盐、硫酸盐和硝酸盐均难溶于冷水,易溶于热水,故可用水对其进行重结晶,从而达到纯化目的。

黄连素在自然界中多以季铵碱的形式存在,其结构如下所示:

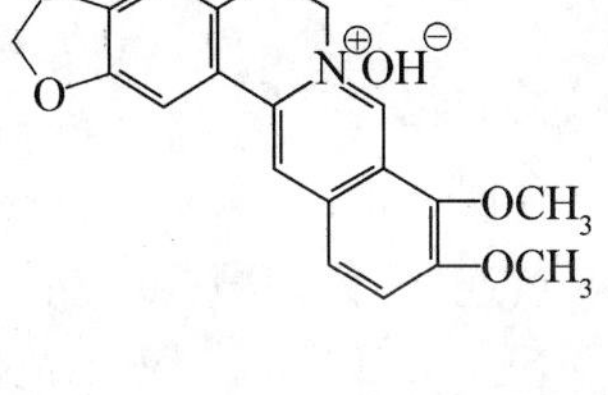

从黄连中提取黄连素,往往采用适当的溶剂(如乙醇、水、硫酸等),在索氏提取器中连续抽提,然后浓缩,再加入酸进行酸化,得到相应的盐。粗产物可以采取重结晶等方法进一步提纯。

黄连素能被硝酸等氧化剂氧化,转变为樱红色的氧化黄连素。黄连素在强碱中部分转化为醛式黄连素,在此条件下,加入几滴丙酮,即可发生缩合反应,生成丙酮与醛式黄连素缩合产物的黄色沉淀。

[实验条件]

实验药品:黄连,乙醇(95%),醋酸溶液(1%),浓盐酸等;

实验仪器:索氏提取器,冷凝管,水浴装置,抽滤装置,烧杯,电子天平,pH计。

[操作步骤]

(1)称取10g中药黄连,研碎磨烂,装入索氏提取器的滤纸套筒内,在烧瓶内加入100mL乙醇(95%),加热萃取2~3h,至回流液体颜色很淡为止。

(2)利用水泵减压蒸馏,回收大部分乙醇,至瓶内残留液体呈棕红色糖浆状,停止蒸馏。

(3)在浓缩液里加入1%的醋酸30mL,加热溶解后趁热抽滤除去固体杂质,在滤液中滴加浓盐酸(约需10mL),至溶液混浊为止。

(4)用冰水冷却上述溶液,降至室温后即有黄色针状的黄连素盐酸盐析出,抽滤,所得结晶用冰水洗涤两次,可得黄连素盐酸盐的粗产物。

(5)将粗产物(未干燥)放入100mL烧杯中,加入30mL水,加热至沸,搅拌沸腾几分钟后趁热抽滤,滤液用盐酸调节pH值为2~3,室温下放置几小时,有较多橙黄色结晶析出。

(6)抽滤,滤渣用少量冷水洗涤两次,烘干即得成品。

[注意事项]

(1)本实验也可用简单回流装置进行2~3次加热回流,每次约30min,回流液体合并使用即可。

(2)得到纯净的黄连素晶体比较困难。将黄连素盐酸盐加热水至刚好溶解,煮沸,用石灰乳调节pH值为8.5~9.8,冷却后滤去杂质,滤液继续冷却到室温以下,即有针状体的黄连素析出,抽滤,将结晶在50~60℃下干燥。

(3)产品的检验方法:取盐酸黄连素少许,加浓硫酸2mL,溶解后加几滴浓硝酸,即呈樱红色溶液。

[思考题]

(1)黄连素是哪种生物碱类的化合物?

(2)黄连素的紫外光谱上有何特征?

(3)采用索式提取器提取黄连素,如何减少产品的损失?

实验 5.3　从槐花米中提取芦丁

[教学目的]

（1）学习黄酮苷类化合物的提取方法；

（2）巩固热过滤及重结晶等基本操作。

[基本原理]

芦丁（Rutin），又称芸香苷，具有调节毛细血管壁渗透性的作用，临床上用作毛细血管止血药，作为高血压症的辅助治疗药物。

芦丁是黄酮类植物的一种成分，黄酮类植物是存在于植物界中、分子中都有一个酮式羰基又显黄色的一类化合物，所以称为黄酮。芦丁主要存在于槐花米和荞麦叶中。其中，槐花米是槐系豆科槐属植物的花蕾，含芦丁量高达 12% ~ 16%，荞麦叶中含约 8%。

黄酮的中草药成分几乎都带有一个以上羟基，还可能含有甲氧基、烃基、烃氧基等其他取代基，3、5、7、3'、4' 位置上带有羟基或甲氧基的机会最多，6、8、1'、2' 等位置上带有取代基的成分比较少见。由于黄酮类化合物结构中的羟基较多，大多数情况下是一元苷，也有二元苷。芦丁作为黄酮苷的结构如下：

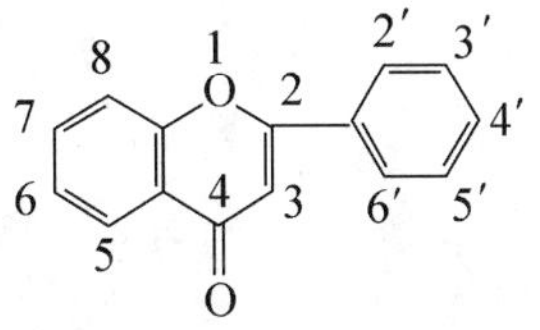

黄酮骨架 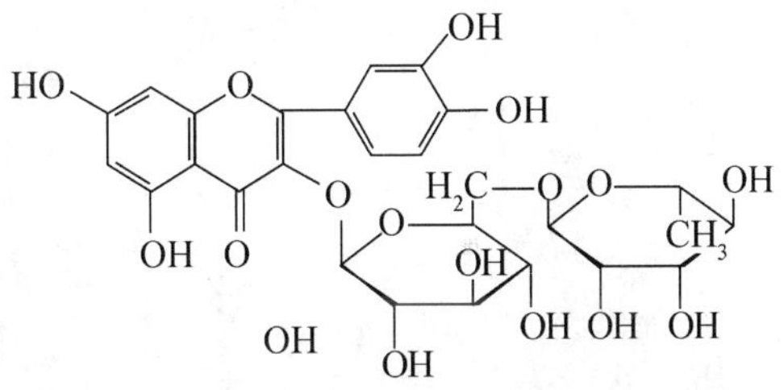　　　　　　　　　　　　　　芦丁（Rutin）

提取与纯化：①芦丁分子中具有较多酚羟基，显弱酸性，易溶于碱液中，酸化后又可析出，因此可以用碱溶酸沉的方法提取芦丁；②芦丁在冷热乙醇中的溶解度差异很大，实验中采用乙醇为溶剂进行芦丁的纯化。

[实验条件]

实验药品：槐花米，饱和石灰水，盐酸；

实验仪器：研钵，烧杯，电热套，抽滤装置，电子天平。

[操作步骤]

（1）称取 3g 槐花米于研钵中研成粉状，置于 50mL 烧杯中，加入 30mL 饱和石灰水溶液，加热沸腾 15min，加热过程中不断搅拌。

（2）抽滤，滤渣再用 20mL 饱和石灰水溶液煮沸约 10min。

（3）合并两次滤液，用 15% 的盐酸中和，调节 pH 值为 3 ~ 4，放置 1 ~ 2h，得到沉淀，抽滤并水洗后得到芦丁粗产物。

117

（4）将制得的芦丁粗产物置于50mL烧杯中,加入30mL水,加热至沸腾,并不断搅拌,慢慢加入10mL饱和石灰水溶液,调节pH值为8~9。

（5）沉淀溶解后,趁热过滤,滤液置于50mL烧杯中,用15%的盐酸调pH值为4~5,静置30min,芦丁以浅黄色结晶析出。

（6）抽滤、水洗、烘干得到较纯的芦丁产物。

（7）以乙醇为溶剂,进行芦丁的重结晶。

（8）干燥、称重,计算得率。

[注意事项]

（1）加入饱和石灰水溶液既可达到碱溶解提取芦丁的目的,又可除去槐花米中大量多糖黏液质。

（2）pH值过低会使芦丁形成盐而增加水溶性,降低了收率。

（3）芦丁粉碎不可过细,以免过滤时速度过慢。

[思考题]

（1）为什么可用碱法从槐花米中提取芦丁?

（2）怎样鉴别芦丁?

中篇　高分子化学及物理实验

第6章　高分子化学及物理实验的基础知识

高分子实验室是教与学、理论与实践相结合的重要场所,实验教学是培养学生化学素质、安全和环保意识的重要场所。

本章的教学目的是通过课程学习,使学生了解高分子化学及物理实验的一般知识及安全知识,掌握常用引发剂、单体、聚合物的分离和纯化,熟悉聚合反应的方法,了解聚合物稳定剂等知识。

高分子化学衍生于有机化学,因此高分子实验与有机化学实验有很多共同之处。对于实验中常用设备、玻璃仪器及使用方法,试剂的存放、取用及"三废"的处理,常用的加热、冷却、搅拌、蒸馏和萃取等基本实验操作,文献的检索方法等,本书上篇中已有详细介绍,这里不作单独阐述,部分不同的仪器及实验操作将在相关的实验中进行详细的介绍。

6.1　实验安全知识

(1) 进入实验室进行实验,一般要求着实验服、佩戴防护眼镜。

(2) 实验中使用的有机溶剂大多数是易燃的,特别是一些低沸点溶剂(如乙醇、乙醚等),室温时蒸气压较大,当蒸气压达到某一极限时,遇到明火容易发生燃烧或爆炸,因此不能用敞口容器盛装易燃溶剂,且勿倒入废液缸中,同时,溶剂与火源及电器设备应远离并分隔放置。

(3) 使用乙醚或易燃气体(如氢气等)时,一定要保持室内空气畅通,打开通风机,并防止一切火星的发生,绝对避免火源。

(4) 使用易燃试剂(如乙醇、乙醚、丙酮及苯等)的实验均不能采用明火加热。剩余的试剂要及时放回原处密封保存,实验室内不宜存放过多的易燃试剂,长期不用时应集中处理。

(5) 实验特别是聚合反应时,切勿用火焰直接加热烧瓶,而要采用水浴、油浴、空气浴或垫上石棉网加热。

(6) 进行减压蒸馏时,为防止液体暴沸,蒸馏前需加入沸石。若加热后发现未加沸石,需先停止加热,待冷却后才可补加沸石,禁止向正在加热的液体中加入沸石,否则将会引起暴沸,液体冲出瓶外,引发事故。

(7) 单体提纯蒸馏时,可从瓶口插入一根毛细管,将其末端伸入瓶底液面之下,起替代沸石的作用,操作过程中注意控制进入气流的大小。

(8) 减压蒸馏时,接收容器一般采用圆底烧瓶或梨形烧瓶,不能使用平底烧瓶或锥形瓶,否则会由于受力不均匀而发生爆裂。

(9) 在进行回流或蒸馏操作时,球形及直形冷凝管中的冷凝水要始终保持流动,注意有时自来水会突然停止。冷却水不宜开得过大,防止水管接头爆开。实验后,切断自来水,并放净冷凝管中的水。

(10) 进行封管聚合实验时,由于管内承受的压力很大,容易引起爆炸。封管一般应采用硬质厚壁玻璃制成,进行封管操作时,必须严格按照操作规程进行;开启封管时一般用布包裹,且必须首先冷却,再烧通管的尖端,使管内余气逸出,以达到内外压力平衡。在开启封管时一定注意,管口要朝向无人的位置,以免液体喷溅出来造成伤害。

(11) 当遇到试剂瓶瓶塞不易开启时,须小心处理,注意瓶内物质的理化性能,切不可贸然加热或乱敲瓶塞。

(12) 单体长期存放时,可加入适量的阻聚剂,并且存放于低温、阴暗处,因为高分子单体在光照及受热时会进行聚合并放出大量的热,可能会导致容器爆炸。

(13) 实验中常用的引发剂(如 BPO、AIBN 等)在受热或振荡时可能会引起分解、爆炸,因此需要在低温、阴暗环境下保存。

(14) 高氯酸、过氧化物、浓硝酸等氧化剂遇到有机物时,会发生爆炸或燃烧,存放时应将氧化剂和有机物分开放置。通常作为引发剂使用的过氧化物是很容易分解爆炸的,在处理和使用过程中要防止受热、光照和研磨,一般要置于阴凉干燥处存放。

(15) 实验过程中,如果反应会释放出有毒或腐蚀性气体,反应应在通风橱内进行,操作时切记不要把头伸入通风橱内,使用后的仪器应及时清洗,实验废液应专门处理。

(16) 高分子化学实验中所用的单体和溶剂大多数是有毒的,如苯胺及其衍生物吸入体内或被皮肤吸收可引起慢性中毒而导致贫血,苯会积累在体内对造血系统和中枢神经系统造成严重损害,甲醇可损害视神经,苯酚灼伤皮肤后可引起皮炎和皮肤坏死。因此,在实验过程中,如需接触上述液态和固态有毒物品时,必须戴橡皮手套,操作完毕后应立即洗手,防止有毒物品触及身体。

(17) 使用电器设备时,禁止与导电及裸露的部位接触,操作要采用单手进行,湿手不能直接接触开关和电线。电子仪器和设备的金属外壳都应连接地线。实验结束后,应将电子仪器和设备恢复到初始状态,关掉开关,并拔去电源插头。

(18) 使用电子仪器和设备时,严格按照使用规范和工作条件范围操作,工作电压及电流要满足使用要求,禁止过载使用,以免被击穿或烧毁。

6.2 分离与纯化

在高分子反应中,试剂的纯度对反应有很大的影响。在缩合聚合中,单体的纯度会影响到官能团的摩尔比,从而使聚合物的分子量偏离设定值;在离子型聚合中,单体和溶剂中少量杂质的存在,不仅会影响聚合反应速度,改变聚合物的分子量,甚至会导致聚合反应不能进行;在自由基聚合中,单体中往往含有少量的阻聚剂,使得反应存在诱导期或聚合速率下降,影响到动力学常数的准确测定。因此,在实验前有必要对所用的单体进行纯化。

聚合物在合成后一般会含有一定量的低分子物和杂质,对聚合物的力学、电学和光学性能及分级有较大影响,有时少量杂质的存在会引起或加速聚合物的降解反应或交联反应。因此,有必要对聚合物进行精制,除去样品中的低分子物(如残留单体、助剂和低聚物)。但是,相比聚合物和小分子的混合体系,聚合物共混物之间的分离较为复杂,也难以进行。

6.2.1 单体的精制

单体的精制主要是针对烯类单体而言,也包括某些其它类型的单体。单体中杂质的来源多种多样,如生产过程中引入的副产物、销售时加入的阻聚剂、储存过程中与氧接触形成的氧化或还原产物以及少量的聚合物等。

固体单体常用的纯化方法为结晶和升华,液体单体可采用减压蒸馏、在惰性气氛下分馏等方法进行纯化。

酸性杂质(包括阻聚剂对苯二酚等)可用稀 NaOH 溶液洗涤除去;碱性杂质(包括阻聚剂苯胺)可用稀盐酸溶液洗涤除去。单质中难挥发的杂质,可采用减压蒸馏法除去。

单体的脱水干燥,一般情况下可采用普通干燥剂(如无水 $CaCl_2$、无水 Na_2SO_4 和变色硅胶);要求较高时可使用 CaH_2 来除水;进一步的除水,需要加入 1,1 - 二苯基乙酰阴离子(仅适用于苯乙烯)或 $AlEt_3$(适用于甲基丙烯酸甲酯等),待液体呈一定颜色后,再蒸馏出单体。

芳香族杂质可用硝化试剂除去,杂环化合物可用硫酸洗涤除去,注意苯乙烯绝对不能用浓硫酸洗涤。

1. 苯乙烯的精制

苯乙烯为无色(或略带浅黄色)的透明液体,沸点为 145.2℃,熔点为 - 30.6℃,密度为 $0.9060g/cm^3$。苯乙烯单体很容易发生聚合反应,为了防止储存过程中聚合而影响产品质量,一般会在苯乙烯单体中加入阻聚剂(如对苯二酚、对甲氧基苯酚等)。合成时,阻聚剂会影响聚合反应,因此在使用前需要采用碱洗法和减压蒸馏法将其除去。

精制方法:在1000mL分液漏斗中加入600mL苯乙烯,用约100mL的NaOH水溶液(5%)多次洗涤至水层无色,此时单体略显黄色;用蒸馏水洗涤(每次120~150mL)苯乙烯,直到水层呈中性,然后加入适量的干燥剂(如无水$CaCl_2$、无水Na_2SO_4和无水$MgSO_4$等)干燥,放置24h以上。干燥后的苯乙烯经过滤后进行减压蒸馏,收集60℃左右的馏分,可用于自由基聚合等要求不高的场合。过滤后,加入无水CaH_2,密闭搅拌4h,再进行减压蒸馏,收集到的单体可用于离子聚合。

苯乙烯沸点与压力的关系如表6-1所列。

表6-1　苯乙烯沸点和压力的关系

沸点/℃	18	30.8	44.6	59.8	69.5	82.1	101.4
压力/kPa	1.67	1.66	2.67	5.33	8.00	13.3	26.7

2. 甲基丙烯酸甲酯

甲基丙烯酸甲酯是无色透明的液体,沸点为100.3~100.6℃,密度为0.936g/cm^3,熔点为-48.2℃,微溶于水,易溶于乙醇和乙醚等有机溶剂。甲基丙烯酸甲酯中一般都含有阻聚剂对苯二酚,可采用碱溶液进行洗涤除去。

甲基丙烯酸甲酯的精制方法同苯乙烯:在1000mL分液漏斗中加入600mL甲基丙烯酸甲酯,用5%的NaOH水溶液洗涤数次(每次用量100mL)至水层无色,然后用蒸馏水洗涤(每次120~150mL)至水层呈中性。分去水层后加入适量的干燥剂(如无水$CaCl_2$、无水Na_2SO_4和无水$MgSO_4$等)干燥,充分摇动后放置干燥24h以上,然后进行减压蒸馏,收集46~50℃的馏分。

但是,由于单体的极性,采用CaH_2干燥难以除尽极少量的水,用于阴离子聚合的单体还需要加入$AlEt_3$,当液体略显黄色,表明单体中的水已完全除去,此时可进行减压蒸馏,收集单体。

甲基丙烯酸甲酯沸点与压力的关系如表6-2所列。

表6-2　甲基丙烯酸甲酯沸点和压力的关系

沸点/℃	10	20	30	40	50	60	70	80	90	100
压力/kPa	2.62	4.66	7.06	10.6	16.7	25.2	37.1	52.7	72.9	101.1

3. 乙酸乙烯酯

乙酸乙烯酯是一种无色有刺激性液体,其化学式为$CH_3COOCH = CH_2$,单体可自身聚合形成聚乙酸乙烯酯,也可和其它单体聚合生成共聚物。

精制方法:在1000mL分液漏斗中加入500mL乙酸乙烯酯,然后加入100mL饱和$NaHSO_3$溶液,充分摇动混合,静置分层后放去水层,重复2~3次;用200mL蒸馏水洗涤1次,用饱和$NaHCO_3$溶液洗涤2次后用蒸馏水洗涤至水层呈中性;将洗净的乙酸乙烯酯用无水硫酸钠干燥,静置24h以上,过滤,进行常压蒸馏,收集72~

73℃的馏分。

4. 丙烯腈

丙烯腈是一种无色透明的液体,是合成纤维、合成橡胶、塑料的重要原料,熔点为 -83.6℃,沸点为 77.3℃,饱和蒸气压(22.8℃)为 13.33kPa,密度为 0.8660g/cm³,易溶于多数有机溶剂,常温下在水中的溶解度为 7.3%。由于丙烯腈在水中的溶解度比较大,碱洗和水洗将造成单体损失,因此常用离子交换法(如阴离子交换树脂柱)去除丙烯腈单体中的阻聚剂。

精制方法:首先采用离子交换法去除丙烯腈单体中的阻聚剂,然后将处理后的丙烯腈单体加入蒸馏烧瓶中,进行常压蒸馏,收集 76～78℃的馏分。

5. 丙烯酰胺

丙烯酰胺是一种不饱和酰胺,熔点为 84～86℃,沸点为 125℃,易溶于水、乙醇、乙醚、丙酮和氯仿等溶剂,不能通过蒸馏方法精制,可采用重结晶方法精制,产物为白色结晶。丙烯酰胺分子中具有两个活性中心,能反应生成多种化合物,因此大多用来生产丙烯酰胺及其衍生物的均聚物和共聚物。

精制方法:将 60g 丙烯酰胺加入到 25mL 蒸馏水中,加热到 40℃左右完全溶解,趁热用保温漏斗过滤,滤液冷却至室温时结晶析出。用布氏漏斗抽滤,母液中加入 7g 硫酸铵,充分搅拌混合后再置于低温水浴中冷却至 -5℃左右。待结晶完全以后,迅速用布氏漏斗抽滤。合并两次的结晶产物,自然晾干后于 20～30℃下在真空烘箱中干燥 24h 以上。

6. 环氧丙烷

环氧丙烷若存放较长时间,需要重新精制。

精制方法:环氧丙烷中加入适量 CaH₂,在隔绝空气条件下电磁搅拌 2～3h,在 CaH₂ 存在下进行蒸馏,即可得到无水的环氧丙烷,可用于阳离子聚合。

6.2.2 引发剂的精制

引发剂的精制是针对自由基聚合的引发剂而言,离子聚合和基团转移聚合等引发剂往往是现制现用,使用之前一般需要进行浓度的标定。

1. 过氧化苯甲酰(BPO)

BPO 是高分子实验中最常用的引发剂,纯度和用量对聚合物的聚合度和分子量有着决定性的影响,为保证实验效果,通常需要对其进行精制。BPO 的精制一般采用重结晶。为了避免爆炸,BPO 只能在室温下溶解,不能加热。氯仿是精制 BPO 最常用的溶剂,通常配合甲醇(沉淀剂)使用。

精制方法:将 15g 粗 BPO 在室温下溶于 62mL 氯仿溶液中,过滤除去不溶物;将滤液倒入 140mL 预先用冰盐浴冷却的甲醇中,白色针状 BPO 晶体析出;用布氏漏斗过滤,晶体用少量甲醇洗涤,置于真空容器中,于室温下减压除去溶剂,精制好的引发剂放置在冰箱中密闭保存。

BPO 在常见的几种溶剂中的溶解度如表 6 – 3 所列。四氯化碳、丙酮、乙醚、苯和甲苯等均可作为 BPO 重结晶的溶剂。

表 6 – 3　BPO 在不同溶剂中的溶解度

溶剂	溶解度/$(g \cdot mL^{-1})$	溶剂	溶解度/$(g \cdot mL^{-1})$
氯仿	0.32	丙酮	0.15
甲苯	0.011	石油醚	0.0050
苯	0.16	甲醇	0.013
四氯化碳	0.06	乙醇	0.010
乙醚	0.060	—	—

2. 偶氮二异丁腈(AIBN)

AIBN 是一种应用较广泛的引发剂,其精制一般采用重结晶的方法,重结晶的溶剂主要采用低级醇(如甲醇、乙醇等),也可采用甲醇 – 水混合溶剂、乙醚和石油醚等。

精制方法:在装有回流冷凝管的 150mL 三角瓶中加入 100mL 醇(95%)和 10g 偶氮二异丁腈,然后水浴加热接近沸腾,振荡使其全部溶解(时间不宜过长,否则 AIBN 可能分解);将热溶液迅速减压抽滤(过滤所用漏斗和吸滤瓶必须预热),滤去不溶物,滤液用冰盐浴冷却,过滤即得重结晶产物,在五氧化二磷存在下于真空干燥器中干燥,低温保存于棕色瓶中。

3. 过硫酸胺和过硫酸钾

过硫酸盐可用作高分子聚合反应游离引发剂,特别是氯乙烯乳化聚合和氧化还原聚合反应,过硫酸盐中的杂质主要为硫酸氢钾(或胺),可用少量的蒸馏水反复重结晶精制。

精制方法:将过硫酸盐在 45℃溶解,过滤,滤液用冰盐浴冷却,用 $BaCl_2$ 溶液检验滤液无 SO_4^{2-} 为止,过滤得重结晶产物,并以冰冷水洗涤,在氯化钙存在下于真空干燥器中干燥。

4. 叔丁基过氧化氢

叔丁基过氧化氢为挥发性、微黄色透明液体,是一种烷基氢有机过氧化物,主要用作聚合反应的引发剂。

精制方法:将叔丁基过氧化氢在搅拌下缓慢加入已预先冷却的 NaOH 水溶液中,使之生成钠盐析出。过滤,将析出的钠盐配制成饱和的水溶液,用氯化铵或固体二氧化碳(干冰)中和,叔丁基过氧化氢生成。分离有机层,用无水碳酸钾干燥,然后进行减压蒸馏,可制得纯度 95% 以上的产物。

5. 异丙苯过氧化氢

精制方法:将异丙苯过氧化氢(含量约 75%)约 20mL 在搅拌下缓慢加入 60mL

的 NaOH(25%)水溶液中;将生成的钠盐过滤,并用石油醚洗涤数次,将所得钠盐悬浮于石油醚中,减压蒸馏,可制得纯度约97%的产物。

6. 三氟化硼乙醚液

三氟化硼乙醚液为无色透明液体,接触空气时易被氧化,色泽变深。

精制方法:减压蒸馏。

6.2.3 聚合物的分离与纯化

聚合物具有分子量的多分散性和结构的多样性,因此聚合物的精制与小分子的精制有所不同。聚合物的精制是指将其中的杂质除去,对于不同的聚合物,杂质可能是引发剂及其分解产物、单体分解及其副反应产物、各种添加剂(如乳化剂、分散剂和溶剂),也可以是同分异构聚合物或原料的聚合物。根据杂质的不同,应当选择相应的精制方法。

目前,聚合物精制常用的方法有洗涤法、溶解沉淀法、抽提法、蒸发法、交换树脂法和渗析法。其中,抽提法常用于分离相对低分子质量化合物,离子交换树脂法适用于带电荷的聚电解质的纯化,渗析法(或电渗析法)适用于水溶性聚合物中低分子的分离。以下将重点介绍洗涤法、溶解沉淀法、抽提法和旋转蒸发法等几种常用的方法。

1. 洗涤法

洗涤法是最简单的一种聚合物精制方法,其基本原理是利用聚合物与杂质在溶剂中溶解度的不同将杂质除去。

一般是选择聚合物的不良溶剂,通过反复地洗涤聚合物,将可溶于不良溶剂的单体、引发剂和杂质除去。如悬浮聚合所得到的聚合物颗粒是本体聚合形成的较为纯净的聚合物,颗粒表面附着有分散剂等杂质,通过洗涤的方法可将分散剂除去,然后经过滤得到较为纯净的聚合物。

但是,洗涤法一般只能作为辅助的精制方法,需要和其他精制方法配合使用,才能得到比较纯净的聚合物。因为对于一些聚合反应制备的产品,颗粒较大,洗涤法难于除去颗粒内部的杂质,而且在很多时候,单体是聚合物的良溶剂。要将溶于聚合物的残余单体除去,不通过聚合物的溶解和不良溶剂的浸泡是很难达到分离效果的。

2. 溶解沉淀法

溶解沉淀法是一种最古老、最常用的聚合物精制方法,其原理是将聚合物溶解于某种溶剂中,然后向溶剂中添加对聚合物不溶,但与溶剂能混溶的沉淀剂,同时沉淀剂能够溶解单体、引发剂、溶剂及其他全部的杂质并使聚合物沉淀出来,而杂质留在溶剂里面。

在这一方法中,聚合物在溶剂中的含量一般小于5%,而沉淀剂用量一般为溶液的5~10倍。通常是在搅拌下,将含有溶解了聚合物的溶液倒入进沉淀剂中,重复溶解与沉淀;也可采用不同的溶剂—沉淀剂来精制。

需要指出的是:溶剂—沉淀剂的类型和配比、聚合物在溶液中的浓度、溶液加入到沉淀剂中的速度和方法、实验温度等均对沉淀出的聚合物的纯度和外观有一定影响。聚合物在溶液中浓度过高,则混合性相对较差,沉淀物容易成为橡胶状;而浓度较低时,沉淀物容易成为微细粉状,后期分离困难。因此,采用溶解沉淀法提纯聚合物时,需选择适当的工艺和配比。

实验过程中,需要根据聚合物特性选择溶剂和沉淀剂,如聚苯乙烯能溶解于芳香族溶剂和某些酮类,常用精制溶剂包括丁酮、苯、甲苯和氯仿等,常用的沉淀剂主要有甲醇及乙醇;聚甲基丙烯酸甲酯能溶于自身单体、氯仿、乙酸、乙酸乙酯和丙酮等有机溶剂,常用的精制用溶剂—沉淀剂组合为丙酮/甲醇、氯仿/石油醚、甲苯/二硫化碳、苯/甲醇和氯仿/乙醚等;聚乙酸乙烯酯溶于苯、丙酮和三氯甲烷等溶剂,但由于聚乙酸乙烯酯的聚合度不太大、软化点低、黏性大,且在引发剂及单体中的溶解度很大,所以杂质很难除去,其精制时常用丙酮/水、甲醇/水和苯/乙醚等溶剂–沉淀剂组合。

3. 抽提法

抽提法是精制聚合物的重要方法,其原理是利用溶剂萃取出聚合物中可溶的部分,从而达到分离和提纯的目的。抽提法一般采用索氏提取器进行。索氏提取器的结构如图6-1所示,关于其结构和使用方法在上篇有机化学实验中已经介绍,这里不再详细阐述。

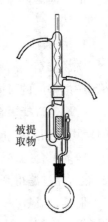

被提
取物

精制过程中,聚合物多次被新蒸馏的溶剂浸泡,经过一定的时间,其中的可溶性物质可以完全被抽提到烧瓶中,抽提器中只留下纯净的不溶性的聚合物,可溶性部分残留在溶剂中。这样的往复循环利用溶剂比溶解沉淀法节省了溶剂的用量,同时得到纯化的聚合物。

图6-1 索氏提取器

抽提法也可用于聚合物的提纯和分离,如将未交联的聚合物与交联的聚合物分开。无论是何种目的,抽提法中都首先需要得到固态的聚合物再进行抽提纯化,抽提后的不溶性聚合物以固体的形式存在于抽提器中,再进行干燥即可。若溶剂中的聚合物也是需要的,就必须采用适当的沉淀剂或者直接将溶剂蒸发出去。

4. 旋转蒸发法

旋转蒸发法是快速方便地浓缩溶液、蒸出溶剂的方法,需要在旋转蒸发仪上完成。旋转蒸发仪由电机带动可旋转的蒸发器(圆底烧瓶)、冷凝器和接收器组成,如图 6－2 所示。可用于常压或减压下操作,可一次进料,也可分批加入蒸发液。由于蒸发器不断旋转,可免加沸石而不会爆沸。蒸发器旋转时,液体附于壁上形成一层薄膜,加大蒸发面积,使蒸发速率加大。

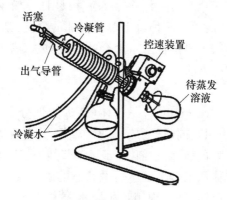

图 6－2 旋转蒸发仪

6.2.4 聚合物的干燥

聚合物的干燥是分离提纯聚合物后的必要操作,是将聚合物中残留的溶剂除去的过程。聚合物的干燥有一般干燥法、和真空干燥法等。

一般干燥法是指常用的固体干燥方法。普通的干燥方法是将样品置于红外灯下烘烤,但是会因为温度过高导致样品氧化,同时因为溶剂在室内挥发会造成一定的危害,因此含有机溶剂的聚合物也不宜采用此法。另一种方法是将样品置于烘箱中烘干,要注意烘干的温度和时间,温度过高同样会造成聚合物单体的氧化甚至裂解,温度过低则烘干的时间会过长。

实际上,由于许多聚合物对单体、溶剂和沉淀剂有强烈的吸附或包藏作用,一般方法很难将聚合物干燥。为提高聚合物干燥的效率,通常会尽可能地将聚合物弄碎。

由于真空干燥可去除挥发性物质,通常会采用真空干燥的方法。真空干燥是将聚合物样品置于真空烘箱密闭的干燥室内,减压并加热到适当温度,能够快速有效地除去残留的溶剂。为了防止聚合物粉末样品在恢复常压时被气流冲走和固体杂质进入到聚合物样品中,可在盛放聚合物的容器上加盖滤纸或铝箔,并用针扎一些小孔,以利于溶剂的挥发。需要指出的是,聚合物样品中所含溶剂的量不可太多,防止腐蚀烘箱和污染真空泵。

此外,还可采用冷冻真空干燥技术。冷冻真空干燥又称冷冻干燥或冻干,通常将含有水分的聚合物先行降温预冻成固体,然后研碎,放入真空干燥箱内在一定真空和适度加温条件下使固体水分子直接升华成水气抽出,得到干燥产物。注意干燥后要及时清理冷冻干燥机,避免溶剂腐蚀仪器。

6.3 聚合反应方法

聚合反应是单体聚合成为高分子的反应。只用一种单体的聚合称为均聚合反应，产物称为均聚物。两种或两种以上单体参加的聚合，则称为共聚合反应，产物称为共聚物。聚合方法主要指自由基聚合的实施方法，有本体聚合、溶液聚合、悬浮聚合和乳液聚合4种方法。

1. 本体聚合

本体聚合(Bulk polymerization)是单体(或原料低分子物)在不加溶剂以及其他分散剂的条件下，由引发剂或光、热、辐射作用下其自身进行聚合引发的聚合反应。有时也可加少量着色剂、增塑剂、分子量调节剂等。液态、气态、固态单体都可以进行本体聚合。单体和聚合物处于熔融状态的熔融聚合也属于本体聚合范畴。按照聚合物是否溶于单体，分为均相和非均相本体聚合。本体聚合是制造聚合物的主要方法之一。

特点：组分简单，速度快，通常只含单体和少量引发剂，所以操作简便，产物纯净，不需要复杂的分离、提纯操作。

缺点：热效应相对较大，自动加速效应造成产品有气泡、变色，严重时则温度失控，引起爆聚，使产品达标难度加大。由于体系黏度随聚合不断增加，混合和传热困难；在自由基聚合情况下，有时还会出现聚合速率自动加速现象，如果控制不当，将引起爆聚；产物分子量分布宽，未反应的单体难以除尽，制品力学性能变差等。

本体聚合生产的聚合物品种主要有聚甲基丙烯酸甲酯(有机玻璃)、高压聚乙烯和聚苯乙烯。

2. 溶液聚合

溶液聚合(Solution polymerization)是将单体、引发剂(或催化剂)溶解于适当的溶剂中进行聚合反应的一种方法。根据溶剂与单体和聚合物相互混溶的情况分为均相、非均相溶液聚合(或沉淀聚合)两种；根据聚合机理可分为自由基溶液聚合、离子型溶液聚合和配位溶液聚合。

特点：聚合体系黏度比本体聚合低，混合和散热比较容易，生产操作和温度都易于控制，可利用溶剂的蒸发排除聚合热。若为自由基聚合，单体浓度低时可不出现自动加速效应，从而避免爆聚并使聚合反应器设计简化。

缺点：对于自由基聚合往往收率较低，聚合度也比其他方法小，使用和回收大量昂贵、可燃、甚至有毒的溶剂，不仅增加生产成本和设备投资、降低设备生产能力，还会造成环境污染。如要制得固体聚合物，还要配置分离设备，增加洗涤、溶剂回收和精制等工序。所以在工业上只有采用其他聚合方法有困难或直接使用聚合物溶液时，才采用溶液聚合。

溶液聚合主要用于直接使用聚合物溶液的场合，如乙酸乙烯酯甲醇溶液聚合直接用于制聚乙烯醇,丙烯腈溶液聚合直接用于纺丝,丙烯酸酯溶液聚合直接用于制备涂料或胶粘剂等。

3. 悬浮聚合

悬浮聚合(Suspension polymerization)是将不溶于水的溶有引发剂的单体,利用强烈的机械搅拌以小液滴的形式,分散在溶有分散剂的水相介质中,从而完成聚合反应的一种方法。

悬浮聚合体系一般由单体、引发剂、水和分散剂4个基本组分组成。悬浮聚合体系是热力学不稳定体系,需借搅拌和分散剂维持稳定。在搅拌剪切作用下,溶有引发剂的单体分散成小液滴,悬浮于水中引发聚合。不溶于水的单体在强力搅拌作用下,被粉碎分散成不稳定的小液滴,随着反应的进行,分散的液滴又可能凝结成块,为防止粘结,体系中必须加入分散剂。悬浮聚合产物的颗粒粒径一般为0.05 ~ 2mm。其形状、大小随搅拌强度和分散剂的性质而定。悬浮聚合聚合物粒子的形成过程如下:

1)均相粒子的形成过程

均相粒子的形成过程分为3个阶段:聚合初期、聚合中期、聚合后期。生成的聚合物能溶于自身单体中而使反应液滴保持均相,最终形成均匀、坚硬、透明的固体球粒。

单体液滴　　聚合初期　　聚合中期　　　　聚合后期　透明粒子

2)非均相粒子的形成过程

一般认为非均相粒子的形成过程有5个阶段,聚合物不溶解于自己的单体中,有聚合物产生就沉淀出来。形成由均相变为单体和聚合物组成的非均相体系,产物不透明,外形极为不规则的小粒子。

优点:体系以水为连续相,黏度低,容易传热和控制;聚合完毕后,只需经简单的分离、洗涤、干燥等工序,即得聚合物产品,可直接用于加工成型;生产投资和费用少;产物比乳液聚合的纯度高。

缺点:存在自动加速作用,必须使用分散剂,且在聚合完成后,很难从聚合产物中除去,会影响聚合产物的性能(如外观、老化性能等),反应器生产能力和产物纯度不及本体聚合,不能采用连续法生产。

悬浮聚合主要用于生产聚氯乙烯、聚苯乙烯和聚甲基丙烯酸甲酯等。

4. 乳液聚合

乳液聚合(Emulsion polymerization)是指在用水或其他液体作介质的乳液中,在机械搅拌或振荡下,单体在水中按胶束机理或低聚物机理生成彼此孤立乳胶粒而进行的聚合。

乳液聚合体系至少由单体、引发剂、乳化剂和水 4 个组分构成,一般水与单体的配比(质量)为 70/30 ~ 40/60,乳化剂为单体的 0.2% ~ 0.5%,引发剂为单体的 0.1% ~ 0.3%;工业配方中常另加缓冲剂、分子量调节剂和表面张力调节剂等。所得产物为胶乳,可直接用以处理织物或作涂料和胶粘剂,也可把胶乳破坏,经洗涤、干燥得粉状或针状聚合物。

优点:聚合反应速度快,分子量高;聚合热易扩散,聚合反应温度易控制;聚合体系即使在反应后期黏度也很低,因而也适于制备高黏性的聚合物;用水作介质,生产安全及减少环境污染;可直接以乳液形式使用,可同时实现高聚合速率和高分子量。在自由基本体聚合过程中,提高聚合速率的因素往往会导致产物分子量下降。此外,乳液体系的黏度低,易于传热和混合,生产容易控制,所得胶乳可直接使用,残余单体容易除去。

缺点:聚合物含有乳化剂等杂质影响制品性能;为得到固体聚合物,还要经过凝聚、分离、洗涤等工序;反应器的生产能力也比本体聚合时低。如果干燥需破乳,工艺较难控制。

乳液聚合主要用于生产聚丁苯橡胶、聚丙烯酸酯乳、聚乙酸乙烯酯乳、丁苯橡胶、丁腈橡胶、氯丁橡胶、PVC 树脂和 ABS 工程塑料等。

6.4　聚合物的稳定剂

在物理(如热、辐射等)和化学(如氧、臭氧等)因素作用下,聚合物在长期使用及存放过程中经常会起化学变化,如自动氧化或光作用所致的水解或酸解等,这些化学变化会使聚合物的力学性能和物理性能受到影响。

稳定剂可有效地阻止、减少甚至基本停止聚合物材料的化学反应,因此在聚合物中加入适当的稳定剂是不可缺少的,可提高聚合物材料的光稳定性、热氧稳定性和热加工性等。稳定剂通常包括热稳定剂、抗氧剂和光稳定剂。

1. 热稳定剂

热稳定剂是指以改善聚合物热稳定性为目的而添加的助剂。热稳定剂是塑料助剂的重要组成部分,也是聚氯乙烯 PVC 加工中不可缺少的助剂类别。

人们发现 PVC 塑料只有在 160℃以上才能加工成型,而它在 120 ~ 130℃时就开始热分解,释放出 HCl 气体,如果不抑制 HCl 的产生,分解又会进一步加剧,这一问题曾是困扰 PVC 塑料的开发与应用的主要难题。研究发现,如果 PVC 塑料中含有少量的如铅盐、金属皂、酚、芳胺等杂质时,既不影响其加工与应用,又能在一定程度上起到延缓其热分解的作用。上述难题得以解决,从而促使了热稳定剂研究领域的建立与不断发展。

一般理想的热稳定剂应具备如下基本功能:

(1) 热稳定效能高,并具有良好的光稳定性。

（2）与 PVC 相容性好,挥发性小,不升华,不迁移,不易被水、油或溶剂抽出。

（3）有适当的润滑性,在压延成型时使制品易从辊筒剥离,不结垢。

（4）不与其他助剂反应,不被硫或铜污染。

（5）不降低制品电性能及印刷性、高频焊接性和黏合性二次加工性能。

（6）无毒、无臭、不污染,可以制得透明制品。

（7）加工使用方便,价格低廉。

目前塑料工业中广泛使用的热稳定剂按化学组成和所起的作用可分为铅稳定剂、金属皂类稳定剂、有机锡稳定剂、锑稳定剂、混合金属稳定剂、液体复合稳定剂、非金属稳定剂和辅助稳定剂 8 类。

2. 抗氧剂

聚合物在加工、储存和使用过程中常受到氧和臭氧的作用而发生氧化反应,而且这种氧化反应在受热、光照或重金属离子存在下会加速进行。热氧化过程是一系列的自由基链式反应,在热、光或氧的作用下,聚合物的化学键发生断裂,生成活泼的自由基和氢过氧化物,这些自由基可以引发一系列的自由基链式反应,导致有机化合物的结构和性质发生根本变化,从而使聚合物的性能下降。

抗氧剂是一类能有效降低塑料材料自氧化反应速度、延缓塑料材料老化降解的塑料助剂,其应用几乎涉及所有的聚合物制品。塑料用抗氧剂通常包括酚类抗氧剂、磷类和硫类辅助抗氧剂以及金属离子钝化剂等,抗氧剂的应用品种和添加量主要由塑料材料的不同、加工工艺和用途决定。抗氧剂可按作用不同分为 3 类,即主抗氧剂、辅助抗氧剂、碳自由基捕捉剂。

（1）主抗氧剂:通常主抗氧剂能捕捉在聚合物老化中生成的含氧自由基（·OH,RO·,ROO·）和碳自由基（但效果差）,从而终止或减缓热氧老化的化合物产生。

（2）辅助抗氧剂:一类能够将热氧老化链反应中生成的聚合物经过氧化物分解,使之生成失去活性的化合物而不具有活性的自由基,从而终止或减缓热氧老化的产生。由于它与主抗氧剂常有协同效应,并只在与抗氧剂并用时才能发挥最大效果,故通称辅助抗氧剂。

（3）碳自由基捕捉剂:可将聚合物热氧老化的链反应终止在萌芽状态,故有很好的抗热氧老化效果,特别在与传统的自由基捕捉剂并用时效果更好。

从化学结构看,抗氧剂可分为酚类抗氧剂（如单酚、双酚、多酚、对苯二酚、硫代双酚）胺类抗氧剂（如萘胺、二苯胺、喹啉衍生物）、亚磷酸酯抗氧剂和硫酸酯类抗氧剂（如三辛酯、三癸酯、硫代二丙酸双酯等）。

3. 光稳定剂

塑料及其他高分子材料,在日光或强的荧光下,会因吸收紫外线而引发自我氧化,使其分子链断裂、交联,制品变色、物理力学性能恶化,这一过程称为光氧化还原或光老化。

光稳定剂是指可有效地抑制光致降解物理和化学过程的一类化合物。光稳定剂属于耐候性稳定助剂,包含的种类较多。太阳光中紫外线是对高分子材料产生老化作用的主要原因,光稳定剂大多数能吸收紫外线,故又叫做紫外线吸收剂。光稳定剂作用机理因自身结构和品种的不同而有所不同。

按作用机理,光稳定剂可分为光屏蔽剂、紫外线吸收剂、猝灭剂和自由基捕获剂4类。

(1)光屏蔽剂:就像在聚合物和光辐射之间设置了一道屏障,使光不能直接辐射到聚合物的内部,令聚合物内部不受紫外线的危害,从而有效地抑制光氧化降解。这是一类能够遮蔽或反射紫外线的物质,使光不能透入高分子内部,从而起到保护高分子的作用。光屏蔽剂有碳黑、氧化钛等无机颜料和酞菁蓝、酞菁绿等有机颜料,其中碳黑的效果最好。

(2)紫外线吸收剂:作用机理在于能强烈地吸收聚合物敏感的紫外光,并能将能量转变为无害的热能形式放出。紫外线吸收剂能有效地吸收波长为290~410nm的紫外线,而很少吸收可见光,本身具有良好的热稳定性和光稳定性。按化学结构主要可以分为5类:邻羟基二苯甲酮类、苯并三唑类、水杨酸酯类、三嗪类、取代丙烯腈类。紫外线吸收剂常作为辅助光稳定剂和受阻类光稳定剂共同使用,尤其在聚烯烃或涂料中更是如此。

(3)猝灭剂:可以接受塑料中发色团所吸收的能量,并将这些能量以热量、荧光或磷光的形式发散出去,从而保护聚合物免受紫外线的破坏。猝灭剂是通过分子间能量的转移来消散能量的,故又称为能量转移剂。它对聚合物的稳定效果很好,多用于薄膜和纤维。主要是一些二价的有机镍螯合物。近年来,有机镍络合物因重金属离子的毒性问题,被其他无毒或低毒猝灭剂取代。

(4)自由基捕获剂:这类光稳定剂能捕获高分子中所生成的活性自由基,从而抑制光氧化过程,达到光稳定目的。自由基捕获剂主要是受阻胺光稳定剂(HALS)。HALS是发展最快、最有前途的一类新型高效光稳定剂,在国际上年平均需求增长率为20%~30%。

第7章 高分子化学实验

实验7.1 引发剂的精制与纯度分析

[实验目的]

(1) 掌握过氧化苯甲酰的精制方法;

(2) 掌握过氧化苯甲酰的纯度分析方法。

[基本原理]

引发剂是指在聚合反应中能引起单体活化而产生游离基的物质。目前常用的游离基型引发剂有过氧化物类和偶氮化合物类两类。引发剂中一般都含有少量杂质和水分,且在储存过程中会发生分解,引起纯度降低。因此使用前需要进行提纯,并分析其纯度。

过氧化苯甲酰(Benzoyl peroxide, BPO)是高分子实验中最常用的引发剂之一,其纯度和用量对聚合物的聚合度和分子量有着决定性影响。BPO 为白色至微黄色结晶或结晶粉末,极微溶于水,微溶于甲醇、异丙醇,稍溶于乙醇,溶于乙醚、丙酮、氯仿、苯和乙酸乙酯等。常温下稳定,碱性溶液中或加热时缓慢分解。干燥状态下受撞击、摩擦或加热可能引发爆炸。

BPO 的精制一般采用重结晶法。为了避免爆炸,BPO 只能在室温下溶解,不能加热。氯仿是精制 BPO 最常用的溶剂,通常配合甲醇(沉淀剂)使用。本实验以氯仿作为溶剂,以甲醇作为沉淀剂,在室温下溶解制成饱和溶液,经冷却、结晶和过滤得 BPO 的精制产物。

BPO 的纯度是通过采用碘法测量精制产物中的 $-O-O-$(过氧)键的含量来确定。由于 $-O-O-$ 键具有氧化性,当碘化钠与其作用的时候会生成游离碘,通过 $Na_2S_2O_3$ 标准液可以精确滴定游离碘,从而计算出精制 BPO 的纯度。

[实验条件]

实验药品:BPO,氯仿,甲醇,乙醇,氯化钙,醋酸酐,淀粉,碘化钠,去离子水;

实验仪器:分析天平、量筒,锥形瓶,玻璃棒,抽滤瓶,单口烧瓶,布氏漏斗,滤纸,循环水泵,碱式滴定管,表面皿。

[操作步骤]

1. BPO 的精制

(1) 准确称量 6.2g 的 BPO 加入到 100mL 带磨口的锥形瓶中,然后加入 20mL 氯仿,塞上磨口塞,摇荡锥形瓶使 BPO 完全溶解。

（2）将 3.0g 干燥后的氯化钙加入到锥形瓶中进行脱水,静置 15min 后将锥形瓶中的溶液过滤到盛有 60mL 甲醇的吸滤瓶中(预先用冰盐浴冷却)。

（3）静置,得到白色针状沉淀(可用玻璃棒摩擦瓶壁使沉淀加快析出),将带有沉淀的溶液用布氏漏斗抽滤,得到沉淀产物。

（4）重复上述重结晶操作得到精制产物,将产物置于表面皿中,平铺于空气中自然晾干,称重,计算产率。

2. BPO 的纯度分析

（1）在 50mL 锥形瓶中配制 0.5% 淀粉溶液(约 10mL);配制 0.1mol/L 的 $Na_2S_2O_3$ 标准液 100mL,备用。

（2）用分析天平精确称取 0.2g 精制 BPO 置于干燥的单口烧瓶中,加入 10mL 醋酸酐,振荡使 BPO 完全溶解。

（3）加入 0.5g 碘化钠,摇荡使其溶解,静置 15min,加入 50mL 去离子水,混合均匀,量取 0.5% 淀粉溶液 5mL 加入到单口烧瓶中作为指示剂。

（4）溶液摇匀后立即用 $Na_2S_2O_3$ 标准液(0.1mol/L)进行滴定,直至无色。

（5）记录滴定量,计算 BPO 的纯度。

[注意事项]

（1）为了避免爆炸,BPO 溶解及干燥时均不能加热。

（2）过氧化合物不可烘干,精制品干燥后也要小心,切勿冲击和摩擦。

[思考题]

（1）BPO 精制过程为什么要在比较低的温度下操作?

（2）重结晶产物析出时,除甲醇外还可采用哪些溶剂?

实验 7.2　单体的精制与纯度分析

[实验目的]

（1）了解碱洗法和减压蒸馏法除去阻聚剂的原理;

（2）掌握减压蒸馏精制单体的方法;

（3）掌握溴化法测定单体纯度的方法。

[基本原理]

单体(如苯乙烯、甲基丙烯酸甲酯等)在分离精制、储存和运输过程中受到热、光、辐射、机械等作用很容易引发聚合,为了防止聚合而影响产品质量,通常会在单体中添加一定量阻聚剂(如对苯二酚、对甲氧基苯酚等)。用含有阻聚剂的单体进行聚合时,阻聚剂会影响聚合反应,引发剂分解所产生的初级自由基与阻聚剂反应生成非自由基物质,此时聚合时间长,甚至不发生聚合反应。因此单体在使用前一般要去除其中的阻聚剂。

实验室中,通常采用碱洗法和减压蒸馏法除去阻聚剂。碱洗法是利用单体与阻聚剂在碱液中的溶解性能差异来进行精制分离的。而减压蒸馏则是利用单体的沸点随其分压的降低而下降进行精制的。本实验通过碱洗法和减压蒸馏法除去苯乙烯及甲基丙烯酸甲酯中的阻聚剂,采用碳碳双键化合物定量测定的一般方法——溴化法测定精制甲基丙烯酸甲酯的纯度。

溴化法是含碳碳双键化合物定量测定常用的化学方法。习惯上常用"溴值"表示加成到双键上的溴量,所谓"溴值"是指加成到100g被测定物质上所用溴的克数。将实测溴值与理论溴值比较,即可求出该不饱和化合物的纯度。常用的溴化试剂为溴—四氯化碳溶液、溴—乙醇溶液和溴化钾—溴酸钾溶液。溴与双键加成,过量的溴使碘化钾析出碘,然后用硫代硫酸钠溶液滴定碘,从而间接求出样品的溴值和纯度。

[实验条件]

实验药品:苯乙烯,甲基丙烯酸甲酯,NaOH 溶液(5%),无水硫酸镁,无水氯化钙,KBr,KBrO$_3$,Na$_2$S$_2$O$_3$ 溶液(0.05mol/L),pH 试纸。

实验仪器:分析天平,电子秤,玻璃小泡,量筒,分液漏斗,烧杯,恒温水浴,单口烧瓶,三口烧瓶,锥形瓶,直型冷凝管,毛细管,温度计,真空泵。

[操作步骤]

1. 苯乙烯的精制

(1) 在 250mL 分液漏斗中分别加入 60mL 苯乙烯、10mL 的 NaOH 水溶液(5%),充分振荡混合,静置分层后分去水层,重复上述操作,直到苯乙烯溶液变成无色。

(2) 取 20mL 蒸馏水加入到分液漏斗中,充分振荡混合,静置分层后分去水层,测试水层的 pH 值,重复上述操作,直到水层呈中性。

(3) 将分液漏斗中的苯乙烯加入到 150mL 锥型瓶中,加入 10g 无水硫酸镁,静置 30min 除水,得到粗产物。

(4) 将干燥后的苯乙烯加入到三口烧瓶中,安装减压蒸馏装置,加入少量沸石,恒温水浴加热进行减压蒸馏,收集 58~60℃间的馏分,得到精制的苯乙烯。

2. 甲基丙烯酸甲酯的精制

(1) 在 250mL 分液漏斗中分别加入 60mL 甲基丙烯酸甲酯、10mL 的 NaOH 水溶液(5%),充分振荡混合,静置分层后分去水层,重复上述操作,直到甲基丙烯酸甲酯溶液变成无色。

(2) 取 20mL 蒸馏水加入到分液漏斗中,充分振荡混合,静置分层后分去水层,测试水层的 pH 值,重复上述操作,直到水层呈中性。

(3) 将分液漏斗中的甲基丙烯酸甲酯加入到 150mL 锥型瓶中,加入 10g 无水氯化钙,静置 30min 除水,得到粗产物。

(4) 将干燥后的甲基丙烯酸甲酯加入到三口烧瓶中,安装减压蒸馏装置,加入少量沸石,恒温水浴加热进行减压蒸馏,收集 46℃的馏分,得到精制甲基丙烯酸甲酯。

3. 甲基丙烯酸甲酯的纯度分析

（1）称取 KBr（9.916g）和 KBrO$_3$（2.784g），用蒸馏水溶解至 1L，配制成 0.1mol/L 的 KBr–KBrO$_3$ 溶液，存放在避光处。

（2）制备带毛细管玻璃小泡，小泡直径控制在 10mm 左右。

（3）量取 5mL 精制的甲基丙烯酸甲酯置于烧杯中，取一根精确称重的玻璃小泡，将玻璃小泡用酒精灯的火焰中微微加热，赶出泡中的部分空气，然后快速地将小泡毛细管的尖端插入烧杯中甲基丙烯酸甲酯的液面以下，使玻璃小泡冷却并把甲基丙烯酸甲酯吸入小泡内，小心地通过酒精灯的火焰将毛细管末端封口。

（4）准确称量吸入甲基丙烯酸甲酯单体后小泡的质量，计算吸入甲基丙烯酸甲酯的质量。

（5）将吸入甲基丙烯酸甲酯单体的玻璃小泡置于磨口锥形瓶中，加入 10mL 醋酸溶液（37％）后，用玻璃棒小心地将玻璃小泡压碎，并用少量去离子水冲洗玻璃棒。

（6）用移液管准确量取 KBr–KBrO$_3$ 溶液 50mL，加入到锥形瓶中，然后加入 5mL 浓盐酸，盖紧锥形瓶瓶塞，振荡使其混合均匀，避光放置 20min（这一过程中不断摇动）后加入 1g 固体 KI，摇动使之溶解，避光放置 5min。

（7）用 0.05mol/L 的 Na$_2$S$_2$O$_3$ 标准溶液滴定锥形瓶中的溶液。当溶液呈浅黄色时，加入 2mL 淀粉溶液（1％），继续滴定至蓝色完全消失，记录读数，计算纯度。

（8）重复上述实验过程 2 次，并做空白试验 2 次进行对比。

$$溴值 = \frac{(A-B) \times M \times 7.9916}{m} \tag{7-1}$$

$$纯度 = \frac{(A-B) \times M \times 7.9916}{m} \times 100 \tag{7-2}$$

式中：A 为空白试验中消耗的 Na$_2$S$_2$O$_3$ 溶液的体积，mL；B 为滴定样品时消耗的 Na$_2$S$_2$O$_3$ 溶液的体积，mL；M 为 Na$_2$S$_2$O$_3$ 溶液的浓度，mol/L；m 为样品的质量，g。

［注意事项］

（1）减压蒸馏时，注意温度及真空度的控制，同时注意除去初始的馏分。

（2）毛细管封口时，注意勿使试样受热分解。

［思考题］

（1）用反应方程式表示溴化法分析甲基丙烯酸甲酯的原理。

（2）在测定样品溴值时，为什么先要避光放 20min，加入 KI 后为何要置于暗处？

实验 7.3　甲基丙烯酸甲酯的本体聚合

［实验目的］

（1）熟悉本体聚合的基本原理和特点；

（2）了解聚合温度对产品质量的影响；

（3）掌握有机玻璃制造的操作技术。

[基本原理]

本体聚合又称为块状聚合，是单体（或低分子原料物）在不加溶剂及其它分散剂条件下，由引发剂或光、热、辐射作用下其自身进行聚合引发的聚合反应。

本体聚合的优点是生产过程比较简单，聚合物不需要后处理，可直接聚合成各种规格的板、棒、管制品，所需的辅助材料少，产品比较纯净。但由于聚合反应是一个链锁反应，反应速度较快，在反应某一阶段出现自动加速现象，反应放热比较集中；又因为体系黏度较大，传热效率很低，所以大量热不易排出，因而易造成局部过热，使产品变黄，出现气泡，而影响产品质量和性能，甚至会引起单体沸腾爆聚，使聚合失败。因此，本体聚合中严格控制不同阶段的反应温度，及时排出聚合热，是聚合成功的关键问题。

甲基丙烯酸甲酯的本体聚合是在引发剂作用下，按自由基聚合反应的历程进行的，引发剂通常为偶氮二异丁腈或过氧化苯甲酰。其反应方程式可表示如下：

$$n\mathrm{CH_2}{=}\underset{\underset{\mathrm{COOCH_3}}{|}}{\overset{\overset{\mathrm{CH_3}}{|}}{\mathrm{C}}} \xrightarrow{\mathrm{BPO}} \begin{array}{c} \overset{\mathrm{CH_3}}{|} \\[-2pt] {+}\!\mathrm{CH_2}{-}\mathrm{C}\!{+}_n \\[-2pt] \underset{\mathrm{COOCH_3}}{|} \end{array}$$

在本体聚合反应开始前，通常会有一段诱导期，在这段时间内的聚合速度为零，体系的黏度基本无变化；然后聚合反应开始，单体的转化率逐步提高；当转化率达到20%左右时，聚合速率显著加快，称为自动加速现象。此时若控制不当，体系将发生爆聚而使产品的性能恶化；当转化率达到80%之后，聚合速度显著降低，最后几乎停止反应，此时需要升高温度来促使聚合反应进行完全。实际上，聚合过程中聚合热的排除是本体聚合中最大的工艺问题。

为了解决这一问题，甲基丙烯酸甲酯本体聚合在工艺上通常采取两段法。即先在聚合釜中进行预聚，使转化率达到约15%。在此过程中，一部分聚合热已先行排除，为以后灌模聚合的顺利进行打下基础。预聚的另一个目的是减少由于聚合过程中体积收缩带来的不良影响。甲基丙烯酸甲酯单体密度只有 $0.94\mathrm{g/cm^3}$，而聚合物密度为 $1.17\mathrm{g/cm^3}$，故聚合过程中有较大的体积收缩（约21%），容易造成制品变形。预聚则可使一部分体积收缩在聚合釜中完成，因此可减少制品的变形。预聚结束后，将预聚体灌模，继续进行聚合，最后得到所需制品。

本实验以过氧化苯甲酰为引发剂，进行甲基丙烯酸甲酯的本体聚合制备有机玻璃。

[实验条件]

实验药品：甲基丙烯酸甲酯，过氧化苯甲酰，邻苯二甲酸二丁酯；

实验仪器：三口烧瓶，回流冷凝管，温度计，水浴锅，电炉，搅拌器，试管，烘箱。

[操作步骤]

（1）仔细清洗试管，置于120℃烘箱中干燥0.5h，取出后放入硅胶干燥器中冷却。

（2）准确称取0.35g过氧化苯甲酰，量取60mL甲基丙烯酸甲酯和10mL邻苯二甲酸二丁酯，加入到三口烧瓶中，摇动使其完全溶解。

（3）在三口烧瓶上安装回流冷凝管、搅拌器、温度计，开动搅拌，通冷却水，水浴加热至85℃左右，保温反应。

（4）观察聚合体系黏度变化，当预聚物变成黏性薄浆状（比甘油略黏一些）时，撤去热源，三口烧瓶迅速用冷水冲淋冷却，搅拌降温。

（5）将预聚物灌入试管中，灌注高度一般为5~7cm；然后将已灌浆的试管置于40℃左右烘箱内进行低温聚合6h。

（6）当试管内聚合物基本成为固体后，升温到100℃，并保持2h，取出试管，冷却后将试管砸碎，得到透明光滑的有机玻璃棒。

[注意事项]

（1）单体预聚合时间不可过长，反应物稍变黏稠即可停止反应，迅速用冷水淋洗冷却。

（2）试管要尽可能洗得干净，并彻底烘干，否则聚合中易产生气泡。

（3）灌注预聚体时，试管要倾斜，使预聚物缓慢连续地流入试管中，防止气泡带入，而且不宜过多，否则由于压力太大，有可能使气泡不易逸出而留在聚合物内。

[思考题]

（1）阐述本体聚合的特点，单体预聚合的目的是什么？

（2）邻苯二甲酸二丁酯在有机玻璃制备中起什么作用？

（3）在本体聚合反应过程中，为什么必须严格控制不同阶段的反应温度？

（4）自动加速效应是如何产生的？对聚合反应有哪些影响？

实验7.4　苯乙烯自由基悬浮聚合

[实验目的]

（1）了解悬浮聚合反应原理及配方中各组分的作用；

（2）了解苯乙烯单体在聚合反应上的特性；

（3）掌握搅拌速度、聚合温度对聚合物颗粒大小和形态的影响。

[基本原理]

悬浮聚合是指在较强的机械搅拌下，利用悬浮剂的作用，将溶有引发剂的单体分散在另一与单体不溶的介质中（一般为水）所进行的聚合。根据聚合物在单体中溶解与否，可得透明状聚合物或不透明不规整的颗粒状聚合物。如苯乙烯、甲基丙烯酸甲酯等，其悬浮聚合物多是透明珠状物，故又称珠状聚合；而聚乙烯因不溶于其单体中,故为不透明、不规整的乳白色小颗粒(称为颗粒状聚合)。

悬浮聚合实质上是单体小液滴内的本体聚合,在每一个单体小液滴内单体的聚合过程与本体聚合是相类似的,但由于单体在体系中被分散成细小的液滴,因此悬浮聚合又具有特有的特点。由于单体以小液滴形式分散在水中,散热表面积大,水的比热大,因而解决了散热问题,保证了反应温度的均一性,有利于反应的控制。悬浮聚合的另一优点是由于采用悬浮稳定剂,所以最后得到易分离、易清洗、纯度高的颗粒状聚合产物,便于直接成型加工。

可作为悬浮剂的有两类物质:一类是可溶于水的高分子化合物,如聚乙烯醇、明胶、聚甲基丙烯酸钠等;另一类是不溶于水的无机盐粉末,如硅藻土、钙镁的碳酸盐、硫酸盐和磷酸盐等。悬浮剂的性能和用量对聚合物颗粒大小和分布有很大影响。一般来讲,悬浮剂用量越大,所得聚合物颗粒越细,如果悬浮剂为水溶性高分子化合物,悬浮剂相对分子质量越小,所得的树脂颗粒就越大,因此悬浮剂相对分子质量的不均一会造成树脂颗粒分布变宽。如果是固体悬浮剂,用量一定时,悬浮剂粒度越细,所得树脂的粒度也越小,因此悬浮剂粒度的不均匀也会导致树脂颗粒大小的不均匀。

为了得到颗粒度合格的珠状聚合物,除加入悬浮剂外,严格控制搅拌速度是一个相当关键的问题。随着聚合转化率的增加,小液滴变得很黏,如果搅拌速度太慢,则珠状不规则,且颗粒易发生粘结现象。但搅拌太快时,又易使颗粒太细,因此悬浮聚合产品的粒度分布的控制是悬浮聚合中的一个很重要的问题。

本实验以 BPO 为引发剂,进行苯乙烯的悬浮聚合生产聚苯乙烯小球。苯乙烯是比较活泼的单体,易起氧化和聚合反应。在储存过程中,如不添加阻聚剂即会引起自聚。但苯乙烯的游离基并不活泼,因此在苯乙烯聚合过程中副反应较少,不容易有链支化及其它歧化反应发生。链终止方式据实验证明是双基结合。另外,苯乙烯在聚合过程中凝胶效应并不特别显著,在本体及悬浮聚合中,仅在转化率由 50% ~70% 时,有一些自动加速现象。因此,苯乙烯的聚合速度比较缓慢,如与甲基丙烯酸甲酯相比较,在使用同等量的引发剂时,其所需的聚合时间是甲基丙烯酸甲酯的几倍。

工业上用悬浮聚合生产的聚苯乙烯是一种易定型的热塑性高分子材料,其分子量分布较宽,制品有较高的透明性和良好的耐热性及电绝缘性。

[实验条件]

实验药品:苯乙烯,过氧化苯甲酰,聚乙烯醇,甲醇;

实验仪器:三口烧瓶,球形冷凝管,锥形瓶,电热锅,表面皿,烧杯,搅拌器,水浴装置,电子天平,量筒,烘箱,过滤装置。

[操作步骤]

(1) 在 250mL 三口烧瓶上安装搅拌器和冷凝管,如图 7 - 1 所示,搅拌器需转动自如。

（2）量取 100mL 去离子水,称取 0.5g 聚乙烯醇加入到三口烧瓶中,开动搅拌器并将水浴加热至 95℃ 左右,待聚乙烯醇完全溶解后(20 min 左右),将水温降至 80℃ 左右。

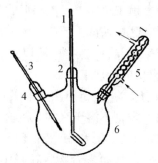

图 7-1　通用聚合装置示意图
1—搅拌器;2—四氟密封塞;3—温度计;4—温度计套管;5—球型冷凝管;6—三口烧瓶。

（3）称取 0.5g 过氧化苯甲酰于一干燥洁净的 50mL 锥形瓶中,并加入 20g 单体苯乙烯(已精制)使之完全溶解。

（4）将溶有引发剂的单体倒入到三口烧瓶中,此时需小心调节搅拌速度,使液滴分散成合适的颗粒度,继续升高温度,控制水浴温度在 86~89℃ 范围内,使之聚合。

（5）在反应 3h 后,可以用大吸管吸出一些反应物,检查珠子是否变硬,如果已经变硬,即可将水浴温度升高至 90~95℃,反应 1h 后即可停止反应。

（6）将反应物进行过滤,并把所得到的透明小珠子放在 25mL 甲醇中浸泡 20min,然后再过滤(甲醇回收),将得到的产物用约 50℃ 的热水洗涤几次,用滤纸吸干后,置产物于 50~60℃ 烘箱内干燥,计算产率,观看颗粒度的分布情况。

[注意事项]

（1）在整个过程中,既要控制好反应温度,又要控制好搅拌速度。

（2）悬浮聚合的产物颗粒的大小与分散剂的用量及搅拌速度有关系,严格控制搅拌速度和温度是实验成功的关键。

（3）为了防止产物结团,可加入极少量的乳化剂以稳定颗粒。

（4）若反应中苯乙烯的转化率不够高,则在干燥过程中颗粒中会出现小气泡,可利用在反应后期提高反应温度并适当延长反应时间来解决。

[思考题]

（1）结合苯乙烯的悬浮聚合实验,说明配方中各组分的作用。

（2）分散剂的作用原理是什么? 改变用量会产生什么影响?

（3）为什么聚乙烯醇能够起稳定剂的作用? 聚乙烯醇的质量和用量对颗粒度影响如何?

（4）在苯乙烯的悬浮聚合操作中,应该特别注意的步骤是什么,为什么?

实验7.5 醋酸乙烯酯的乳液聚合

[实验目的]

(1) 了解乳液聚合的基本原理;

(2) 了解乳液聚合中各个组分的作用;

(3) 掌握乳液聚合中的反应特征及反应温度对产物性能的影响。

[基本原理]

乳液聚合是指在用水或其它液体作介质的乳液中,在机械搅拌或振荡下,单体在水中按胶束机理或低聚物机理生成彼此孤立乳胶粒而进行的聚合。

乳液聚合与悬浮聚合相似的是都是将油性单体分散在水中进行聚合反应,因而也具有导热容易、聚合反应温度易控制的优点。但与悬浮聚合有着显著的不同,在乳液聚合中,单体虽然同以单体液滴和单体增溶胶束形式分散在水中的,但由于采用的是水溶性引发剂,因而聚合反应不是发生在单体液滴内,而是发生在增溶胶束内形成 M/P(单体/聚合物)乳胶粒,每一个 M/P 乳胶粒仅含一个自由基,因而聚合反应速率主要取决于 M/P 乳胶粒的数目,亦即取决于乳化剂的浓度。乳化剂分子具有两亲性的化学结构,分子两端分别是亲水基和疏水基,能使油(单体)均匀、稳定地分散在水中而不分层。

乳化剂的选择对乳液聚合的稳定十分重要,起降低溶液表面张力的作用,使单体容易分散成小液滴,并在乳胶粒表面形成保护层,防止乳胶粒凝聚。常见的乳化剂分为阴离子型、阳离子型和非离子型 3 种。一般多将离子型和非离子型乳化剂配合使用。

醋酸乙烯酯在光或过氧化物等引发下,可聚合成为聚醋酸乙烯酯,该聚合反应可按本体、溶液或乳液等不同方法进行。究竟采用哪种方法聚合,取决于产物的用途。若作为涂料或粘合剂,则采用乳液聚合。聚醋酸乙烯酯乳胶漆具有水基漆的优点,即黏度较小,而分子量较大,不用易燃的有机溶剂等,但耐水性和韧性较差,聚醋酸乙烯酯粘合剂,俗称白胶,无论粘合木材、纸张或者织物,均可使用。

本实验采用过硫酸盐为引发剂。同时,为了加强乳化效果和提高乳液稳定性,把聚乙烯醇和聚乙二醇辛基苯醚(OP)两种乳化剂合并使用,二者都是非离子型乳化剂。

由于醋酸乙烯酯自由基活性很高,容易发生向大分子链转移反应,从而形成支化和交联产物。合成中为了避免出现支化和交联,必须严格控制聚合后期的反应温度和时间等条件。

[实验条件]

实验药品:醋酸乙烯酯(精制),过硫酸铵,聚乙烯醇,聚乙二醇辛基苯醚,碳酸氢钠,邻苯二甲酸二丁酯,蒸馏水;

实验仪器:四口烧瓶,回流冷凝管,搅拌器,温度计,量筒,滴液漏斗,水浴装置,电子天平,烘箱,实验装置如图7-2所示。

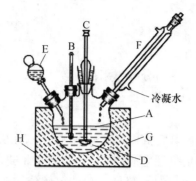

图7-2　乳液聚合装置图

A—三口瓶;B—温度计;C—搅拌马达;D—搅拌器;
E—滴液漏斗;F—回流冷凝管;G—加热水浴;H—玻璃缸。

[操作步骤]

（1）称取0.5g聚乙二醇辛基苯醚、1.5g聚乙烯醇加入到100mL烧杯中,然后加入50mL蒸馏水,水浴加热（90℃）,搅拌至完全溶解,配制成乳化剂溶液。

（2）称取0.5g过硫酸铵,用2.5mL蒸馏水溶解,分成相等两份,备用。

（3）在装有搅拌器、回流冷凝管、滴液漏斗和温度计的四口烧瓶中,加入已配制好的乳化剂溶液及10g醋酸乙烯酯,然后加入1份过硫酸铵溶液（1.25mL）,开动搅拌并加热,控制反应温度在65~70℃。

（4）用滴液漏斗加入20g醋酸乙烯酯（滴加速度不宜过快）,控制反应温度在70℃以下。

（5）滴加完毕,把第二份过硫酸铵溶液加入反应体系,然后再滴加10g醋酸乙烯酯,继续控温（70℃）回流,直到无回流为止。

（6）冷却至50℃,加入25mL浓度为0.05g/mL的NaHCO$_3$水溶液,加入5g邻苯二甲酸二丁酯,搅拌冷却1h,即得白色乳液,可直接作粘合剂用（俗称白胶）。

（7）测固含量:取2g乳液（精确到0.002g）置于烘至恒重的玻璃表皿上,在105℃烘箱中烘至恒重,计算固含量。

[注意事项]

（1）聚乙烯醇是一种非离子型乳化剂,除起乳化作用外,也起增稠剂作用。

（2）聚乙烯醇一般是聚乙酸乙烯酯的碱性醇解产品,水溶液呈弱碱性,故在反应结束后加入碳酸氢钠中和至pH值为4~6,以保持乳液稳定。

（3）升温不易过快,否则容易结块。

[思考题]

（1）醋酸乙烯酯滴加速度过快,会发生什么情况? 如何控制滴加速度?

（2）乳化剂主要有哪些类型? 各自的结构特点是什么?

（3）乳化剂浓度对聚合反应速率和产物分子量有何影响？

（4）要保持乳液体系的稳定,应采取什么措施？

实验7.6　聚乙烯醇与甲醛的缩聚反应

[实验目的]

（1）了解缩聚反应的原理和反应过程；

（2）掌握聚乙烯醇缩甲醛的制备方法。

[基本原理]

与低分子化合物一样,高分子化合物也具有化学反应活性,可进行各种化学反应。高分子的化学反应种类很多,按高分子反应前后聚合度的变化,可将其分为3类：①聚合度变大的反应,如交联、接枝、嵌段、扩链等；②聚合度变小的反应,如解聚、降解等；③聚合度基本不变的反应,如由一种聚合物变为另一种聚合物、高分子试剂和高分子催化剂等功能高分子的制备等。

聚合度基本不变的高分子化学反应在工业界有十分广泛的应用。如将纤维素转变为硝酸纤维素、醋酸纤维素；聚醋酸乙烯酯水解为聚乙烯醇；通过聚乙烯制备氯化聚乙烯、氯磺化聚乙烯；离子交换树脂的制备等。聚乙烯醇缩甲醛的制备也属于这一类型。聚乙烯醇缩醛树脂在工业上被广泛用来生产粘合剂、涂料、化学纤维,品种主要有聚乙烯醇缩甲醛、聚乙烯醇缩乙醛、聚乙烯醇缩甲乙醛、聚乙烯醇缩丁醛等。

早在1931年,人们就已经研制出聚乙烯醇（PVA）的纤维,但由于 PVA 的水溶性而无法实际应用。利用"缩醛化"减少其水溶性,就使得 PVA 有了较大的实际应用价值。用甲醛进行缩醛化反应得到聚乙烯醇缩甲醛 PVF。PVF 随缩醛化程度不同,性质和用途有所不同。控制缩醛在35%左右,就得到人们称为"维纶"（维尼纶）的纤维。维纶的强度是棉花的 1.5~2.0 倍,吸湿性5%,接近天然纤维,又称为"合成棉花"。

在 PVF 分子中,如果控制其缩醛度在较低水平,由于 PVF 分子中含有羟基、乙酰基和醛基,因此有较强的粘接性能,可用作胶水,用来粘接金属、木材、皮革等。

聚乙烯醇缩甲醛是利用聚乙烯醇与甲醛在酸催化下而制备的,其反应如下：

由于几率效应,聚乙烯醇中邻近羟基成环后,中间往往会夹着一些无法成环的

143

孤立羟基,因此缩醛化反应不可能完全。本实验是合成水溶性聚乙烯醇缩甲醛胶水,反应过程中需控制较低的缩醛度,使产物保持水溶性。若反应过于猛烈,则会造成局部高缩醛度,导致不溶性物质存在于胶水中,影响胶水质量。因此在反应过程中,要特别注意严格控制催化剂用量、反应温度和反应时间等因素。

[实验条件]

实验药品:聚乙烯醇,甲醛(37%),蒸馏水,盐酸(30%),氢氧化钠(30%);

实验仪器:三口烧瓶,冷凝器,温度计,水浴装置,电炉,搅拌器,烧杯,电子天平,实验装置如图7-3所示。

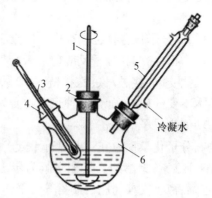

图7-3 聚乙烯醇缩甲醛的制备反应装置图
1—搅拌器;2—四氟塞;3—温度计;4—温度计套管;5—回流冷凝管;6—三口烧瓶。

[操作步骤]

(1)在装有搅拌器、冷凝管和温度计的250mL三口瓶中加入15g聚乙烯醇和120mL蒸馏水,并检查搅拌器运转是否正常。

(2)开动搅拌,升温至85~95℃使其完全溶解,然后降温至85℃左右,加入3mL甲醛,搅拌反应15min。

(3)滴加盐酸,调节pH值为2左右,保持反应温度在90℃左右;继续搅拌,反应体系逐渐变稠。当体系中出现气泡或有絮状物产生时,即可停止反应,降温。

(4)继续搅拌,胶液重新变清,滴加氢氧化钠溶液,调节pH值为7~8,冷却至室温后,即得聚乙烯醇缩甲醛胶黏剂。

(5)计算产率和固含量。

[注意事项]

(1)反应过程中,加酸后变白,开始很稠,慢慢黏度降低。

(2)由于缩醛化反应的程度较低,胶水中尚含有未反应的甲醛,产物往往有甲醛的刺激性气味。缩醛基团在碱性环境下较稳定,故第4步操作中要调整胶水的pH值。

(3)用水蒸气蒸馏方法破坏聚乙烯缩甲醛的缩醛键,生成小分子甲醛,收集产

144

物并测定含量,即可确定聚乙烯缩甲醛的缩醛度。

[思考题]

(1) 影响反应的主要因素是什么?

(2) 什么是醇解度? 实验中要控制哪些条件才能获得较高的醇解度?

(3) 为什么聚乙烯醇缩醛化反应要在酸性条件下进行?

(4) 聚乙烯醇的缩醛化反应最多只能有约80%的 –OH 缩醛化,为什么?

实验7.7　苯乙烯与马来酸酐的交替共聚合

[实验目的]

(1) 了解共聚合的基本原理和实验方法;

(2) 掌握苯乙烯与马来酸酐的交替共聚合的实验方法。

[基本原理]

带强推电子取代基的乙烯基单体与带强吸电子取代基的乙烯基单体组成的单体对进行共聚合反应时容易得到交替共聚物。关于其聚合反应机理目前有两种理论。

"过渡态极性效应理论"认为在反应过程中,链自由基和单体加成后形成因共振作用而稳定的过渡态。以苯乙烯/马来酸酐共聚合为例,因极性效应,苯乙烯自由基更易与马来酸酐单体形成稳定的共振过渡态,因而优先与马来酸酐进行交叉链增长反应;反之,马来酸酐自由基则优先与苯乙烯单体加成,结果得到交替共聚物。

"电子转移复合物均聚理论"则认为两种不同极性的单体先形成电子转移复合物,该复合物再进行均聚反应得到交替共聚物,这种聚合方式不再是典型的自由基聚合。

$$\sim\sim(DA)_n\overset{+}{D}...\overset{-}{A} \ + \ \overset{+}{D}...\overset{-}{A} \ \longrightarrow \ \sim\sim(DA)_{n+1}\overset{+}{D}...\overset{-}{A}$$

式中:D 为带给电子取代基单体;A 为带吸电子取代基单体。

当这样的单体在自由基引发下进行共聚合反应时:①当单体的组成比为1:1时,聚合反应速率最大;②不管单体组成比如何,总是得到交替共聚物;③加入路易斯酸可增强单体的吸电子性,从而提高聚合反应速率;④链转移剂的加入对聚合产物分子量的影响甚微。

本实验以偶氮二异丁腈为引发剂,进行苯乙烯与马来酸酐的交替共聚合。

[实验条件]

实验药品：甲苯，苯乙烯，马来酸酐，偶氮二异丁腈(AIBN)；

实验仪器：三口烧瓶，冷凝管，温度计，恒温水浴，抽滤装置，电子天平，真空烘箱。

[操作步骤]

（1）在装有冷凝管、温度计与搅拌器的三口烧瓶中分别加入 75mL 甲苯、2.9mL 新蒸苯乙烯、2.5g 马来酸酐及 0.005g 偶氮二异丁腈。

（2）将反应混合物在室温下搅拌至反应物全部溶解成透明溶液。

（3）保持搅拌，将反应混合物加热升温至 85～90℃，可观察到有苯乙烯－马来酸酐共聚物沉淀生成，反应 1h 后停止加热。

（4）反应混合物冷却至室温后抽滤。

（5）所得白色粉末在 60℃下真空干燥后，称重，计算产率。

（6）比较聚苯乙烯与苯乙烯－马来酸酐共聚物的红外光谱。

[注意事项]

（1）实验中所用的苯乙烯需要新蒸。

（2）偶氮二异丁腈起引发剂的作用。

（3）实验过程中注意甲苯的操作与实验防护。

[思考题]

（1）试推断以下单体对进行自由基共聚合时，何者容易得到交替共聚物？为什么？

（a）丙烯酰胺/丙烯腈；（b）乙烯/丙烯酸甲酯；（c）三氟氯乙烯/乙基乙烯基醚

实验 7.8　双酚 A 型环氧树脂的制备

[实验目的]

（1）通过双酚 A 型环氧树脂的制备，掌握一般缩聚反应的原理；

（2）熟悉低分子量环氧树脂的制备方法，了解环氧树脂的用途；

（3）熟悉环氧值的测定方法。

[基本原理]

环氧树脂是指那些分子中至少含有两个反应性环氧基团的树脂化合物。环氧树脂经固化后有许多突出的优异性能，如对各种材料特别是对金属的黏着力很强，优良的耐化学性，力学强度很高，电绝缘性好，耐腐蚀等等。此外，环氧树脂可以在相当宽的温度范围内固化，而且固化时体积收缩很小。环氧树脂的上述优异特性使其有许多非常重要的用途，广泛用于粘合剂（万能胶）、涂料、复合材料等方面。

双酚 A 型环氧树脂是环氧树脂中产量最大，使用最广的一个品种，它是由双酚 A 和环氧氯丙烷在氢氧化钠存在下反应生成，其反应式如下：

$$H_2C-CH-H_2C\left[O-\left\langle\!\!\bigcirc\!\!\right\rangle-\underset{CH_3}{\overset{CH_3}{C}}-\left\langle\!\!\bigcirc\!\!\right\rangle-O-CH_2-\underset{OH}{CH}-CH_2\right]_n$$

$$-O-\left\langle\!\!\bigcirc\!\!\right\rangle-\underset{CH_3}{\overset{CH_3}{C}}-\left\langle\!\!\bigcirc\!\!\right\rangle-O-CH_2-CH-CH_2 \;+(n+2)NaCl+(n+2)H_2O$$

式中,n 一般在 $0\sim25$ 之间。根据分子量大小,环氧树脂可以分成各种型号。一般低分子量环氧树脂的 n 平均值小于 2,也称为软环氧树脂;中等分子量环氧树脂的 n 值在 $2\sim5$ 之间;而大于 5 的树脂称为高分子量树脂。在我国,分子量为 370 的产品被称为环氧 618,而环氧 6101 的分子量在 $450\sim599$。生产上,树脂分子量的大小往往是靠环氧氯丙烷与双酚 A 的用量比来控制的,制备环氧 618 时的配比为 10,制备环氧 6101 时的配比为 3。

环氧树脂在固化前分子量都不高,只有通过固化才能形成体型高分子。环氧树脂的固化要借力于固化剂。固化剂的种类很多,主要有多元胺和多元酸,其分子中都含有活泼氢原子,用得最多的是液态多元硫醇。

固化剂的选择与环氧树脂的固化温度有关。在通常温度下固化时一般用多元酰胺等,而在较高温度下固化时一般选用酸酐和多元酸等。固化剂的用量通常由树脂的环氧值以及所用固化剂的种类来决定。环氧值是指每 100g 树脂中所含环氧基的当量数,应当把树脂的环氧值和环氧当量区别开来,环氧当量即为含一当量环氧基的树脂的克数。

本实验以双酚 A 和环氧氯丙烷为原料制备环氧 618,以三乙胺为固化剂进行固化。三乙胺分子中没有活泼氢原子,其作用是将环氧键打开,生成氧负离子,氧负离子再打开另一个环氧键,如此反应下去,达到交联固化的目的。

[实验条件]

实验药品:双酚 A,环氧氯丙烷,NaOH,三乙胺,铝粉,铝片;

实验仪器:三口烧瓶,冷凝管,温度计,甘油浴,烧杯,搅拌器,电子天平,蒸馏装置。

[操作步骤]

1. 双酚 A 环氧树脂的制备

(1) 在 500mL 三口烧瓶上安装搅拌器、回流冷凝管和温度计,加入 22.8g 双酚 A、92.5g 环氧氯丙烷和 $0.5\sim1$mL 蒸馏水。

(2) 称取 8.2g NaOH,先加入 NaOH 量的 1/5,开动搅拌,加热至 $90\sim95℃$,反应放热并有白色物质(NaCl)生成。

(3) 维持反应温度在 $95℃$,约 10min 后再加入 1/5 的 NaOH,以后每隔 10min 加一次 NaOH,每次都加 NaOH 总量的 1/5,直至将 8.2g NaOH 加完。

(4) NaOH 加完后,反应 15min,结束反应,产物为浅黄色,将反应液过滤除去副产物 NaCl。

（5）蒸馏除去过量的环氧氯丙烷（回收），继续蒸馏至瓶内温度达到 150～170℃。

（6）停止蒸馏，将蒸馏剩余产物趁热倒入小烧杯中，得到淡黄色、透明、黏稠的环氧 618 树脂，产量 30～35g。

2. 环氧树脂的固化

（1）在 50mL 烧杯内加入环氧 618 树脂 5g；加入 0.5g（树脂的 10%）三乙胺，搅拌均匀。

（2）取出 2.5g 树脂倒入一干燥的小试管或其他小容器（如瓶子的内盖）中，在室温下放置一昼夜，观察结果。

3. 用环氧树脂粘合铝片

（1）将 2～3mm 厚的铝片剪成 4.3cm 的铝条 10 根，用 70℃ 左右的洗液处理 10～15min，洗净烘干。

（2）在剩余的 2.5g 树脂中加入 1g 铝粉，搅拌均匀制成粘合剂。

（3）用一玻璃棒将配好的粘合剂均匀涂于铝条一端，面积约 $1cm^2$，厚约 0.2mm，将另一铝条轻轻贴上，用螺丝夹小心固定，于室温放置一周后测剪切强度。

[**注意事项**]

（1）用过的三口烧瓶可先用少量甲苯洗涤，再用少量丙酮洗涤，最后用水洗净。

（2）几种常用环氧树脂粘合剂的配方和固化条件：

配方 1：环氧 618 树脂 100 份，邻苯二甲酸二丁酯 20 份，Al_2O_3（300 目）100 份，乙二胺 8 份。固化条件：48h（25℃）或 2～3h（80℃），粘结铝片，室温剪切强度可达 $180kg/cm^2$。

配方 2：环氧 618 树脂 100 份，低分子量聚酰胺 100 份，石英粉（200 目）40 份。固化条件：3 天（室温）或 3h（80℃），粘结铝片，室温剪切强度可达 $250kg/cm^2$。

配方 3：环氧 618 树脂 100 份。双氰胺 6 份，石英粉（200 目）40 份。固化条件：4h（150℃）或 2h（180℃），粘结铝片，室温剪切强度可达 $200kg/cm^2$ 以上。

其中，配方 3 中所用双氰胺是高温固化剂，所以配方 3 在室温下可保存 6 个月不固化。双氰胺因此又被称为"潜伏"型固化剂。

（3）环氧值的测定：取两个 125mL 碘量瓶，在分析天平上各称取 1g 左右环氧树脂，用移液管加入 25mL 盐酸丙酮溶液（将 2mL 浓盐酸加入 80mL 丙酮中，现配现用），加盖后摇动使树脂完全溶解。在阴凉处放置 1h 后加入酚酞指示剂 3 滴，用标准 NaOH - 乙醇溶液滴定，并按上述条件做空白滴定两次。环氧值 E 按下式计算：

$$E = \frac{(V_1 - V_2)N}{1000W} \times 100 = \frac{(V_1 - V_2)N}{10W} \qquad (7-3)$$

式中:V_1 为空白滴定所消耗的 NaOH,mL;V_2 为样品滴定时所消耗的 NaOH,mL;W 为树脂的重量,g;N 为标准 NaOH 溶液的当量浓度。

NaOH – 乙醇溶液的配制是将 4g NaOH 溶于 100mL 乙醇中,然后以酚酞作指示剂,用标准邻苯二甲酸氢钾溶液标定。

[思考题]

(1) NaOH 分步加入反应体系中有什么好处? 为什么不将 NaOH 一次加完?

(2)"注意事项"中列有三个粘合剂配方,请比较各配方的特点。

(3) 使用二元酸、多元胺、二异氰酸酯及酚醛树脂为固化剂时环氧树脂固化反应。

实验7.9 膨胀计法测定甲基丙烯酸甲酯聚合速率

[实验目的]

(1) 掌握膨胀计的使用方法;

(2) 验证聚合速度与单体浓度间的动力学关系式;

(3) 求得 MMA 本体聚合反应平均聚合速率。

[基本原理]

根据自由基聚合反应机理可以推导出聚合初期的动力学微分方程:

$$R_p = -\frac{d[M]}{dt} = K[I]^{\frac{1}{2}}[M] \qquad (7-4)$$

上式中,聚合反应速率 R_p 与引发剂浓度 $[I]^{1/2}$、单体浓度 $[M]$ 成正比。在转化率低的情况下,可假定引发剂浓度 $[I]$ 基本保持恒定,则可得到

$$R_p = -\frac{d[M]}{dt} = K[M] \qquad (7-5)$$

积分得

$$\ln\frac{[M_0]}{[M]} = Kt \qquad (7-6)$$

式中:$[M_0]$ 为起始单体浓度;$[M]$ 为时间 t 时的单体浓度;K 为常数。此式是直线方程。若从实验中测出不同时间的单体浓度 $[M]$,得出相应的 $\ln\frac{[M_0]}{[M]}$ 值,将 $\ln\frac{[M_0]}{[M]}$ 与时间 t 作图,应得一直线。由此可验证聚合速度与单体浓度间的动力学关系式。

聚合反应速率的测定对工业生产和理论研究具有重要的意义。实验室多采用膨胀计法测定聚合反应速率:由于单体密度小于聚合物密度,因此在聚合过程中聚合体系的体积不断缩小,体积降低的程度依赖于单体和聚合物的相对量的变化程

度,当一定量的单体聚合时,体积的变化和单体的转化率成正比。如果使用一根直径很小的毛细管来观察体积的变化(参见图7-4),测试灵敏度将大大提高,这种方法称为膨胀计法。

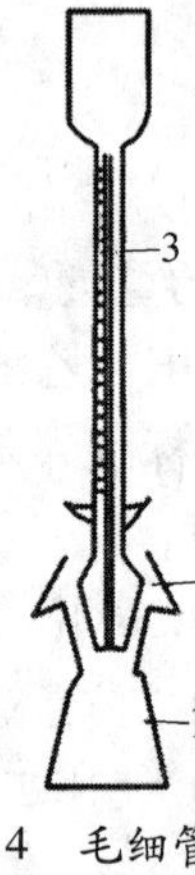

若用 α 表示转化率,ΔV_t 表示聚合物反应过程的体积变化,$\Delta V_全$ 表示单体100%聚合时体积的变化,则有

$$\alpha = \frac{\Delta V_t}{\Delta V_全} \qquad (7-7)$$

由此可得,t 时反应掉的单体量

$$\alpha[M_0] = \frac{\Delta V_t}{\Delta V_全}[M_0] \qquad (7-8)$$

图7-4 毛细管膨胀计
1—聚合瓶;2—磨口;
3—毛细管。

t 时没有反应的单体量

$$[M] = [M_0] - \frac{\Delta V_t}{\Delta V_全}[M_0]$$

$$= [M_0] \cdot \left(1 - \frac{\Delta V_t}{\Delta V_全}\right) \qquad (7-9)$$

则有

$$\frac{[M_0]}{[M]} = \frac{1}{1 - \dfrac{\Delta V_t}{\Delta V_全}} \quad \text{和} \quad \ln\frac{[M_0]}{[M]} = \ln\frac{1}{1 - \dfrac{\Delta V_t}{\Delta V_全}} \qquad (7-10)$$

对于固定量的单体来说,$\Delta V_全$ 是一恒定值。用膨胀计测出聚合反应中不同时间的体积收缩 ΔV_1,就可以得到相应的 $\ln\dfrac{[M_0]}{[M]} \sim t$ 关系。

可按下式计算平均聚合速率:

$$R_p = \frac{\Delta M}{\Delta t} = \frac{[M_0] - [M]}{\Delta t} = \frac{\Delta V_t}{\Delta V_全 \cdot \Delta t}[M_0] \qquad (7-11)$$

[实验条件]

实验药品:甲基丙烯酸甲酯,过氧化二苯甲酰,丙酮;

实验仪器:膨胀计(ϕ1mm),玻璃恒温水浴及恒温装置,磨口锥形瓶(100mm,4个),量筒,注射器(5mL),橡皮筋,温度计,电子天平。

[操作步骤]

(1) 在天平上称取过氧化苯甲酰(BPO)0.2g 左右(精确到0.1mg),放入洁净干燥的锥形瓶中,然后向锥形瓶加入10g精制甲基丙烯酸甲酯(MMA),使 BPO:MMA = 1:50,轻轻摇荡,使引发剂全部溶解。

(2) 恒温水浴升温至60℃,并控制温度波动范围在 ± 0.5℃以下。

（3）将已溶有引发剂的单体小心注入膨胀计的下部聚合瓶中,液面稍超过磨口。

（4）将毛细管磨口部分涂上少量油脂后,小心插入聚合瓶中,注意勿使单体溢出瓶外。此时单体即沿毛细管上升,用滤纸吸干瓶外料液,并用橡皮筋固定。

（5）将膨胀计放入已恒温的水浴中并固定,水面在磨口以下并使毛细管垂直。

（6）毛细管的液面因热膨胀而上升,对高于刻度以上的料液用注射器抽出,待液面稳定不动时达到热平衡,记下此时液面高度 h_0。注意液面,当液面开始下降时表示聚合反应开始,记下时间 t_0,以后每 5min 记录时间和液面高度一次,直至液面无法观察为止,在反应过程中注意观察自动加速效应。

（7）停止试验后,立即取出膨胀计,迅速将磨口部分松动,将聚合液倒入指定回收容器中,用丙酮浸泡膨胀计,直至洗净为止,并将所有其他仪器洗净。

（8）重复试验 1 次。

[数据处理]

（1）本体聚合反应单体 $[M_0]$ 的计算:

$$[M_0] = \frac{W/M}{V} = \frac{d}{M} \times 10^3 (\text{mol/L}) \qquad (7-12)$$

式中:W 为单体质量;M 为单体分子量;V 为单体体积;d 为单体密度。

（2）聚合过程体积的变化 ΔV_t:

$$\Delta V_t = V_0 - V_t \qquad (7-13)$$

式中:V_0 为单体初始的体积;V_t 为单位 t 时的体积,也可写成

$$\Delta V_t = (h_0 - h_t) \cdot A \qquad (7-14)$$

式中:h_0 为毛细管中单体初始高度;h_t 为 t 时的高度;A 为膨胀计毛细管每厘米长的体积毫升数(事先标定)。

（3）单体全部聚合时体积的变化 $\Delta V_{全}$。甲基丙烯酸甲酯聚合时,由分子间的范德华作用半径 3~5 变为共价半径(键长 1.54Å)。1g 单体完全聚合(60℃)后收缩体积占原总体积 21.20%,即体积收缩率为 $G = 21.20\%$,则

$$\Delta V_{全} = V_0 \cdot G \qquad (7-15)$$

式中:V_0 为聚合开始时液面高度为 h_0 时膨胀计中单体的体积,该体积为膨胀计瓶体积 V_1 与毛细管体积 V_2 之和,瓶体积是事先已标定好的,毛细管体积按 $V_2 = h_0 \cdot A$ 计算。

[实验记录]

膨胀计编号:

仪器参数:$A =$ 　　(mL/cm),$V_1 =$ 　　(mL)

$\qquad V_2 = h_0 \cdot A =$ 　　(mL),$V_0 = V_1 + V_2 =$ 　　(mL),

$\qquad \Delta V_{全} = V_0 \cdot G =$ 　　(mL)

编号	t/min	h_t/cm	$\Delta h(h_0 - h_t)$	$\Delta V_t (\Delta h \cdot A)$	$\alpha = \dfrac{\Delta V_t}{\Delta V_全}$	$1 - \alpha$	$\ln[M_0]/[M]$ $(-\ln)(1-\alpha)$
1	0	(h_0)					
2							
3							
4							

做 $\ln \dfrac{[M_0]}{[M]} \sim t$ 曲线,求出斜率 K,计算平均聚合速率 R_p。

[注意事项]

(1) 实验过程中温度的控制甚为重要,务必使温度波动范围在 0.5℃ 以下。否则由于温度的变化引起的体积变化将严重干扰实验结果。

(2) 膨胀计的磨口接头处用久后会有聚合物,因此会引起溶液泄漏。此时可用滤纸浸渍少量苯将其擦去。

[思考题]

(1) 为什么在低转化率下测定聚合反应速率?

(2) 在什么条件下聚合速率与引发剂浓度无关而与单体浓度的一次方成正比?

(3) 分析自动加速效应的原因。

152

第8章 高分子物理实验

实验8.1 黏度法测定聚合物的分子量

[实验目的]

(1) 掌握黏度法测定聚合物分子量的基本原理；

(2) 掌握黏度法测定聚合物特性黏度的实验技术；

(3) 学习"一点法"快速测定分子量。

[基本原理]

高聚物的分子量是反映高聚物特性的重要指标，是高分子材料最基本的结构参数之一。其测定方法有端基测定法、渗透压法、光散射法、超速离心法以及黏度法等。其中黏度法测试仪器比较简单，操作方便，并有较好的精确度，应用普遍。高分子溶液具有比纯溶剂高得多的黏度，其黏度大小与高聚物分子的大小、形状、溶剂性质以及溶液运动时大分子的取向等因素有关。

因此，根据马克－哈温克经验公式：

$$[\eta] = K \cdot \overline{M_\eta^\alpha} \tag{8-1}$$

若特性黏度[η]，常数 K 及 α 值已知，便可利用上式求出聚合物的黏均分子量 M_η。K、α 是与聚合物、溶剂及溶液温度等有关的常数，它们可以从手册中查到。[η]值即用本实验方法求得。由经验公式：

$$\eta_{sp}/C = [\eta] + k'[\eta]^2 C \tag{8-2}$$

$$\ln\eta_r/C = [\eta] - \beta[\eta]^2 C \tag{8-3}$$

由上式可知溶液的浓度 C 与溶液的比浓黏度 η_{sp}/C 或与溶液的比浓对数黏度 $\ln\eta_r/C$ 成线性关系(图8-1)，在给定体系中 k' 和 β 均为常数，这样以 η_{sp}/C 对 C 或以 $\ln\eta_r/C$ 对 C 作图并将其直线外推至 $C=0$ 处，其截距均为[η](图8-1)。所以[η]被定义为溶液浓度趋近于零时的比浓黏度或比浓对数黏度。

式(8-3)中 η_r 称为相对黏度，即为在同温度下溶液的绝对黏度 η 与溶剂的绝对黏度 η_0 之比：

$$\eta_r = \eta/\eta_0 \tag{8-4}$$

当在同温度下某稀溶液和纯溶剂分别流经同一毛细管的同一高度时，若所需时间分别为 t 和 t_0；且 t_0 大于100s时，则

$$\eta_r = t/t_0 \tag{8-5}$$

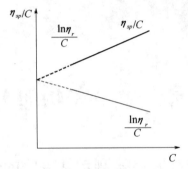

图 8-1　η_{sp}/C、$\ln\eta_r/C$ 对 C 关系图

式(8-3)中 η_{sp} 称为增比黏度,它被定义为加入高聚物溶质后引起溶剂黏度增加的百分数,即

$$\eta_{sp} = (\eta - \eta_0)/\eta_0 = \eta_r - 1 \qquad (8-6)$$

这样,只需测定不同浓度的溶液流经同一毛细管的同一高度时所需的时间 t 及纯溶剂的流经时间 t_0,便可求得各浓度所对应的 η_r 值进而求得各 η_{sp},η_{sp}/C 及 $\ln\eta_r/C$ 值,最后通过作图得到 $[\eta]$ 值,这种方法称为外推法。

在许多情况下,由于试样量少或要测定大量同品种的试样,为了简化操作,对于多数线型柔性高分子溶液均符合 $\bar{k}' \approx 1/3$;$k' + \beta = 1/2$,则再将式(8-2)、式(8-3)两式联立可得

$$[\eta] = [2(\eta_{sp} - \ln\eta_r)]^{1/2}/C \qquad (8-7)$$

由方程(8-2)又可简单推导出

$$[\eta] = [(1 + 4k'\eta_{sp})^{1/2} - 1]/2k'C \qquad (8-8)$$

所以只要知道一个浓度下的 η_r 值,便可通过式(8-7)求出 $[\eta]$;若还知道溶液的 $\bar{k}'$ 值,便可通过式(8-8)求得 $[\eta]$。此外,根据一定条件还可导出另一些直接计算 $[\eta]$ 的公式,以上这种测定 $[\eta]$ 的方法称为一点法。本实验就是利用一点法来测聚乙烯醇的分子量。

[实验条件]

实验药品:聚乙烯醇,蒸馏水;

实验仪器:玻璃恒温水槽,乌氏黏度计(图 8-2),容量瓶(25mL),砂芯漏斗(2#),洗耳球,吸管(10mL、5mL),秒表(0.1s),烧杯(50mL),电子天平。

实验室已有自制的与计算机联机的乌氏黏度计系统,可自动采集和数据处理。

[操作步骤]

1. 玻璃仪器的洗涤

(1) 乌氏黏度计的毛细管很细,要经砂芯漏斗滤过的蒸馏

图 8-2　乌氏黏度计

水洗涤,然后用吹风机吹干,待用。其他玻璃仪器如容量瓶等同样洗涤干燥。

（2）如果黏度计等玻璃仪器内存有难以洗净的污垢,则可视情况分别用丙酮、硝酸浸泡后,再用滤过的蒸馏水洗净。

将恒温槽水温控制在 $30 \pm 0.1℃$。

2. 溶液的配制

本实验以水为溶剂,聚乙烯醇为溶质,配制成稀溶液,测定聚乙烯醇的平均分子量。溶液的配制方法如下:

（1）用洁净干燥的 50mL 烧杯称取聚乙烯醇试样 0.2g（精确至 0.1mg）,加入经砂芯漏斗滤过的蒸馏水约 20mL,在低于 60℃ 的温度下微微加热,使其全部溶解。

（2）用砂芯漏斗将溶液过滤在 25mL 洁净干燥的容量瓶内,并用少量滤过的蒸馏水将烧杯洗 3 次,全部滤在容量瓶中。

（3）将溶液容量瓶置于恒温水浴中,将另一洁净干燥的容量瓶中装入经砂芯漏斗滤过的蒸馏水,作为溶剂瓶,也置于恒温水浴中。

（4）恒温 15min 后,用恒温的溶剂水将溶液稀释至刻度。溶液和溶剂容量瓶恒温待用。

3. 溶剂流出时间的测定

（1）用试管夹夹住乌氏黏度计 A 管（图 8-2）,使黏度计垂直固定在恒温水浴中,要保证 a、b 两刻度线置于水面下。

（2）用 10mL 吸管吸取 10mL 已恒温的纯化溶剂水,由 A 管置入黏度计中,恒温 10min;然后在黏度计的 B、C 管上分别套上已备的医用乳胶管;用止水夹夹住 C 管的乳胶管。

（3）用洗耳球从 B 管的乳胶管慢慢抽吸液体至 G 球后停止抽吸,松开 C 管止水夹,让空气进入 D 球,则 B 管中液体慢慢下降。

（4）当液体弯月面下降至刻度 a 时,用秒表开始记时;弯月面至 b 时,再按下停表。记录下液体流经 a、b 的时间。

（5）如此重复 3 次以上,取流出时间相差不超过 0.2s 的连续 3 次平均值,记作 t_0。

（6）溶剂流出时间测定结束后,倒掉黏度计中的液体,用吹风机吹干黏度计。

4. 溶液流出时间的测定

（1）与测定溶液的方法相同,把已经烘干的黏度计垂直固定于水槽中,用移流管准确吸取 10mL 溶液置入黏度计中,恒温 10min 后,测定其流经 a、b 间的时间 t_1。

（2）依次加入溶剂 5mL、5mL、10mL、10mL,使黏度计内的溶液稀释为原来浓度的 2/3、1/2、1/3、1/4,分别测其流出时间 t_2、t_3、t_4、t_5。

（3）测定结束后,倒出溶液（于废液瓶中）,用滤过的蒸馏水洗涤黏度计,再用溶剂测定其流出时间。

（4）若与原测定时间相同,说明黏度计洗干净。若时间不同,则继续洗涤,直至洗干净为止。

[数据记录]

试样： 溶剂： 浓度： 黏度计号码： 恒定温度：

浓度 C	流出时间				η_r	η_{sp}	$\ln\eta_r/C'$	η_{sp}/C'
	1	2	3	平均				
$t_0\,(C=0)$								
$t_1\,(C=C_0)$								
$t_2\left(C=\dfrac{2}{3}C_0\right)$								
$t_3\left(C=\dfrac{1}{2}C_0\right)$								
$t_4\left(C=\dfrac{1}{3}C_0\right)$								
$t_5\left(C=\dfrac{1}{4}C_0\right)$								

[结果处理]

1. 用外推法求特性黏度

根据原始记录 t 值,按上表进行处理,作图外推,求得特性黏度$[\eta]$。

为作图方便,可用 C' 表示各稀释浓度,初始浓度为 C_0,则各稀释浓度为 $C=C'C_0$,其中 C' 分别为 1、2/3、1/2、1/3、1/4。

在坐标纸上作 $\ln\eta_r/C'-C'$ 图及 $\eta_{sp}/(C'-C')$ 图。可取原点至12cm处为 $C'=1$ 横坐标,其他各点相应位于8cm、6cm、4cm、3cm 处。外推截距 A,则有$[\eta]=A/C_0$。

2. 计算相对分子量

得到$[\eta]$值以后,可按式(8-5)计算出相对平均分子量 M,式中 K、α 值可查表。聚乙烯醇在水溶液中,30℃时 $K=66.6\times10^{-3}$,$\alpha=0.64$。

[注意事项]

(1) 乌氏黏度计的 B、C 管较细,极易折断,因此无论是固定黏度计还是手拿黏度计,都只能是 A 管。黏度计放入水槽中时,由于水的浮力,可能使黏度计与水槽壁相碰撞,要当心。

(2) 水槽温度应严格控制在 30 ± 0.1℃,为使温度不高于30℃,可先将温度指示在29℃,快速升温;然后再调至30℃。

[思考题]

(1) 稀释法测定特性黏度要注意什么问题?一点法有什么优点?

(2) 为什么要将黏度计的两个小球浸没在恒温水面以下?

(3) 测定某一聚合物黏度时,一般挑选黏度计以溶剂流出时间在100s左右为宜,为什么?

实验 8.2 密度梯度管法测定聚合物的密度和结晶度

[实验目的]

（1）掌握密度梯度管法测定高聚物密度和结晶度的基本原理；

（2）学习以连续注入法制备密度梯度的技术及密度梯度标定；

（3）用密度梯度管法测定高聚物的密度并计算高聚物的结晶度。

[基本原理]

在聚合物的聚集态结构中，分子链排列的有序状态不同，其密度就不同。有序程度越高，分子堆积越紧密，聚合物密度就越大，或者说比容越小。聚合物在结晶时，分子链在晶体中作有序密堆积，使晶区的密度 ρ_c 高于非晶区的密度 ρ_a。如果采用两相结构模型，即假定结晶聚合物由晶区和非晶区两部分组成，高聚物的比容（密度的倒数）是晶相和非晶相比容的线性加合：

$$\frac{1}{\rho} = \frac{1}{\rho_c}f_c + \frac{1}{\rho_a}(1 - f_c) \tag{8-9}$$

式中：ρ 为试样密度；ρ_c 为该式样完全结晶的密度；ρ_a 为该试样完全无定形的密度；f_c 为结晶度。

这样，根据测得的试样密度 ρ 和已知的 ρ_a、ρ_c 就可计算出结晶度 f_c：

$$f_c = \frac{\rho_c(\rho - \rho_a)}{\rho(\rho_c - \rho_a)} \times 100\% \tag{8-10}$$

本实验采用密度梯度管法测定聚合物试样的密度，即在恒温条件下，在加有聚合物试样的密度梯度管中，调节能完全互溶的两种液体的比例，待聚合物试样不沉也不浮，悬浮在混合液体中部。根据阿基米德定律可知，此时混合液体的密度与聚合物试样的密度相等，即可得聚合物试样的密度。

密度梯度管：用两种密度不同可互相混合的液体，经适当的混合，使连续注入某管状容器中的液体不断改变密度。最后，管状容器中的液体密度由下而上递减，并呈连续分布的梯度，该管状容器称为密度梯度管。

将已标定密度的玻璃小球数粒投入管中，则小球呈线性分布在管内液体中。以小球密度和小球在液柱中的高度作图即得标定曲线（图 8-3）。

将被测试样投入液柱中，根据悬浮原理，试样静止时，其位置的液标密度恰好等于试样的密度。因此，只要量出管中试样体积中心的高度，就可从密度—高度标定曲线上得知试样的密度大小。

原则上，许多液体都可用来制配密度梯度管。但实际应用中，所选择液体必须满足：①适合被测试样的密度范围；②两种液体能以任意比例互混，且不发生化学作用，挥发性小；③不与试样起任何物理、化学变化。

聚乙烯和聚丙烯试样的密度范围大致在 $0.85 \sim 1.00 \text{g} \cdot \text{cm}^{-3}$，且属于非极性

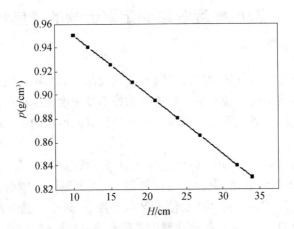

图 8 - 3 密度梯度管的标定曲线

高聚物,故本实验选择乙醇—水体系来测定聚乙烯和聚丙烯的密度和结晶度。

[实验条件]

实验药品:乙醇,蒸馏水,聚乙烯(颗料),聚丙烯(颗料);

实验仪器:磁力搅拌器,连通器,量筒,标准玻璃小球,烧杯,镊子。

[操作步骤]

1. 密度梯度管的制备

密度梯度管的制备方法有几种,如两段扩散法、分段添加法等,本实验采用连续注入法,所需装置如图 8 - 4 所示。

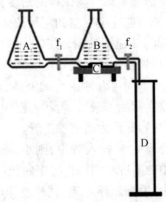

图 8 - 4 连续注入法制备密度梯管装置图

A、B 是两个同样大小的锥形瓶,A 盛轻液(这里是乙醇),B 盛重液(这里是去离子水),其体积之和为密度梯度管的体积,B 锥形瓶下部有搅拌子在搅拌,初始流入梯度管的是重液,开始流动后 B 管的密度就慢慢变化,显然梯度管中液体密度变化与 B 管的变化是一致的。

(1) 关闭锥形瓶 A、B 之间的双通阀 f_1 以及锥形瓶 B 的出口阀 f_2。

（2）分别将轻液与重液各 300mL 装进锥形瓶 A、B 内，打开磁力搅拌器 C。

（3）完全打开双通阀 f_1。打开出口阀 f_2（适当调节 f_2 启开程度，保证液流缓慢），直至密度梯度管 D 内液量达到约 500mL 时，关闭 B 瓶出口阀 f_2。

2. 密度梯度管的标定和试样密度的测定

（1）在小烧杯内装入少量轻液，把已知密度值的标准玻璃小球 6 粒用镊子夹取，按密度由大到小，用轻液浸湿后在滤纸上吸干，轻轻投入已配制好的密度梯度管中，静止 10min，读取各小球体积中心的高度。

（2）取各试样 3 粒，浸入轻液中后在滤纸上吸干，轻轻投入密度梯度管内，静止 10min，读取各试样颗粒体积中心高度。

（3）用小漏勺按密度由小到大轻轻捞出玻璃小球，在滤纸上吸干，准确无误地装入各自瓶内。

（4）用小漏勺捞出试样，滤干，回收。

（5）将密度梯度管中混合液倒入回收瓶中。

[结果处理]

1. 密度梯度的标定

序号	1	2	3	4	5	6
玻璃小球密度						
玻璃小球高度						

绘制出密度梯度管的 $\rho - h$ 标定曲线。

2. 试样的测定结果

试样名称						
测高读数值	1	2	3	1	2	3
平均高度 h/mL						
查得密度						

对于线性的密度梯度，试样的密度还可用内插法计算：

$$\rho = \rho_1 + \frac{(\bar{h} - h)(\rho_2 - \rho_1)}{(h_2 - h_1)} \qquad (8-11)$$

3. 试样结晶度计算

由表中查出各试样的 ρ_a、ρ_c 由测得的密度 ρ 按式（8-10）计算结晶度 f_c。

[注意事项]

（1）配制梯度管时注意防止气泡进入液体以免堵塞活塞孔、毛细管，使流速发生改变，导致梯度管的密度线性分布破坏。

（2）试样必须纯净无杂质，无气泡。样品轻液浸湿目的也是除去试样中的极小气泡和表面油质。

（3）连通器很容易损坏，使用时要小心。搅拌子不能垂直丢入 B 管中，要倾斜 B 管，使搅拌子滑入管底。

[思考题]

（1）如何保证梯度管分布好并且稳定？如何提高测定的灵敏度？

（2）涤纶样品密度为 $1.335 \sim 1.46 g/cm^3$，重液 CCl_4 的密度为 $1.59 g/cm^3$，试估计轻液的密度多少较为合理？

实验 8.3　偏光显微镜法观察高分子结晶形态

[实验目的]

（1）熟悉偏光显微镜的构造，掌握偏光显微镜的使用方法；

（2）学会高分子球晶在偏光和非偏光条件下的显微镜观察；

（3）了解影响高分子球晶尺寸的因素。

[基本原理]

聚合物的结晶受外界条件影响很大，而结晶聚合物的性能与其结晶形态等有密切的关系，所以对聚合物的结晶形态研究有着很重要的意义。

聚合物在不同条件下形成不同的结晶，比如单晶、球晶、纤维晶等等，而其中球晶是聚合物结晶时最常见的一种形式。球晶的生长以晶核为中心，从初级晶核生长的片晶，在结晶缺陷点繁盛支化，形成新的片晶，它们在生长时发生弯曲和扭转，并进一步分支形成新的片晶，如此反复，最终形成以晶核为中心，三维向外发散的球形晶体(图 8–5)。球晶可以长得比较大，直径甚至可以达到厘米数量级。球晶是从一个晶核在三维方向上一齐向外生长而形成的径向对称的结构，由于是各向异性的，就会产生双折射的性质。聚合物球晶在偏光显微镜的正交偏振片之间呈现出特有的黑十字消光图形，因此用普通的偏光显微镜就可以对球晶进行观察。

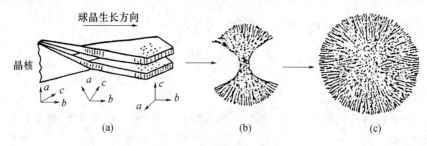

图 8–5　球晶生长示意图

（a）晶片的排列与分子链的取向(其中 a、b、c 轴表示单位晶胞再各方向上的取向)；

（b）球晶生长；（c）长成的球晶。

偏光显微镜的成像原理与常规金相显微镜基本相似，不同的是光路中插入两个偏光镜。一个在载物台下方，称为下偏光镜，用来产生偏光，又称起偏镜；另一个在载物台上方的镜筒内，称为上偏光镜，用来检查偏光的存在，又称检偏镜。凡装

160

有两个偏光镜,而且使偏振光振动方向互相垂直的一对偏光镜称为正交偏光镜。起偏镜的作用是使入射光分解成振动方向互相垂直的两条线偏振光,其中一条被全反射,另一条则入射。正交偏光镜间无样品或有各向同性(立方晶体)的样品时,视域完全黑暗。当有各向异性样品时,光波入射时发生双折射,再通过偏振光的相互干涉获得结晶物的衬度。

本实验将观察聚丙烯的结晶形态。高分子球晶在非偏光条件下观察为圆形,而在正交偏光下却并不呈完整圆形,而是四叶瓣的多边形,即中间有十字消光架,这是由于正交偏光及球晶的生长特性所决定的。

偏振光显微镜的原理:物质发出的光波具有一切可能的振动方向,且各方向振动矢量的大小相等,称为自然光。当矢量固定在一个固定的平面内只沿一个固定方向作振动时,这种光称为偏振光。偏振光的光矢量振动方向和传播方向所构成的面称为振动面。自然光通过偏振棱镜或人造偏振片可获得偏振光。利用偏光原理,可对某些物质具有的偏光性进行观察的显微镜,就称为偏振光显微镜(图8-6)。

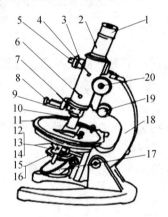

图8-6 偏光显微镜结构图

1—目镜;2—目镜筒;3—勃氏镜手轮;4—勃氏镜左右调节手轮;5—勃氏镜前后调节手轮;
6—检偏镜;7—补偿器;8—物镜定位器;9—物镜座;10—物镜;11—旋转工作台;
12—聚光镜;13—拉索透镜;14—可变光阑;15—起偏镜;16—滤色片;17—反射镜;
18—镜架;19—微调手轮;20—粗调手轮。

[实验条件]

实验药品:聚乙烯粉末、聚丙烯粉末、聚乙二醇粉末。

实验仪器:带热台偏光显微镜,载玻片,盖玻片,切刀,镊子,电热板。

[操作步骤]

1. 显微镜的准备

选择合适的放大倍数的目镜和物镜,目镜需带有分度尺,把载物台显微尺放在载物台上,调节焦距至显微尺清晰可见,调节载物台使目镜分度尺与显微尺基线重合。

2. 结晶形态观察

聚合物粉末放于干净载玻片上，使之离开玻片边缘，在试样上盖上一块盖玻片。预先把电热板加热到一定温度，使聚合物样品在电热板上熔融后，迅速转移到50℃热台使之结晶，观察晶核形成与结晶形态的变化。

3. 球晶尺寸的测定

将带有分度尺的目镜插入镜筒内，将载物台显微尺置于载物台上，使视区内同时见两尺。调节焦距使两尺平行排列、刻度清楚。并使两零点相互重合，即可算出目镜分度尺的值。取走载物台显微尺，将预测之样品置于载物台视域中心，观察并记录晶形，读出球晶在目镜分度尺上的刻度，即可算出球晶直径大小。

4. 球晶生长速度的测定

将聚合物样品熔融后迅速放在25℃的热台上，每隔10min观察球晶的形态、记录球晶的直径，直到球晶的大小不再变化为止。用球晶半径对时间作图，得到球晶生长速度。

［注意事项］

（1）在使用显微镜时，任何情况下都不得用手或硬物触及镜头，更不允许对显微镜的任何部分进行拆卸。镜头上有污物时，可用镜头纸小心擦拭，但需经教师同意。

（2）用显微镜观察时，物镜与试片间的距离，可先后用粗调/细调旋钮调节，直至聚焦清晰为止。禁防镜头触碰盖玻片。

（3）试样在加热台上加热时，要随时仔细观察温度和试样形貌变化，避免温度过高引起试样分解。

［思考题］

（1）画出非偏光和正交偏光条件下聚乙烯、聚丙烯、聚乙二醇的结晶形态。

（2）结晶温度对球晶大小与球晶生长速率的影响如何，说明原因。

（3）为什么球晶在偏光显微镜下呈黑十字花样？

实验 8.4 聚合物拉伸强度和断裂伸长率的测定

［实验目的］

（1）了解聚合物材料拉伸强度及断裂伸长率意义，熟悉测试方法；

（2）通过测试应力—应变曲线来判断不同聚合物材料的力学性能。

［基本原理］

拉伸性能是聚合物力学性能中最重要、最基本的性能之一。为了评价聚合物材料的力学性能，通常用等速施力下所获得的应力—应变曲线来进行描述。所谓应力是指拉伸力引起的在试样内部单位截面上产生的内力；而应变是指试样在外力作用下发生形变时，相对其原尺寸的相对形变量。不同种类聚合物有不同的应力—应变曲线。

在等速条件下,无定形聚合物典型的应力应变曲线如图8-7所示。图中的 α 点为弹性极限,σ_α 为弹性(比例)极限强度,ε_t 为弹性极限伸长。在 α 点前,应力—应变服从虎克定律 $\sigma = E_\varepsilon$。曲线的斜率 E 称为弹性(杨氏)模量,它反映材料的硬性。y 称为屈服点,对应的 σ_y 和 E_y 称为屈服强度和屈服伸长。材料屈服后,可在 t 点处,也可在 t' 点处断裂,材料断裂强度可大于或小于屈服强度。ε_t(或 $\varepsilon_{t'}$)称为断裂伸长率,反映材料的延伸性。

从曲线形状及 σ_t 和 ε_t 大小可看出材料的性能,并借以判断其应用范围。如从 σ_t 的大小可判断材料的强弱,从 ε_t 的大小可判断材料的脆性与韧性。从微观结构看,在外力作用下,聚合物产生大分子链的运动,包括分子内的键长、键角变化,分子链段的运动,以及分子间的相对位移。沿力方向的整体运动(伸长)是通过上述各种运动来达到的。由键长、键角产生的形变较小(普弹形变),而链段运动和分子间的相对位移(塑性流动)产生的形变较大。材料在拉伸到破坏时,链段运动或分子位移基本上仍不能发生(或只是很小),此时材料就脆。若达到一定负荷,可以克服链段运动及分子位移所需要的能量,这些运动就能发生,形变就大,材料就韧。如果要使材料产生链段运动及分子位移所需要的负荷较大,材料就较强且硬。

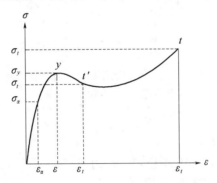

图 8-7　无定形聚合物的应力—应变曲线

结晶型聚合物的应力—应变曲线与无定形聚合物的曲线是有差异的,它的典型曲线如图8-8所示。微晶在 c 点以后将出现取向或熔解,然后沿力场方向进行重排或重结晶,故 σ_c 称为重结晶强度,它同时也是材料"屈服"的反映。从宏观上看,材料在 c 点将出现细颈,随着拉伸的进行,细颈不断发展,至 d 点细颈发展完全,然后应力继续增大至 t 点时,材料就断裂。对于结晶型聚合物,当结晶度非常高时(尤其当晶相为大的球晶时),会出现聚合物脆性断裂的特征。总之,当聚合物的结晶度增加时,模量将增加,屈服强度和断裂强度也增加,但屈服形变和断裂形变却减小。

聚合物晶相的形态和尺寸对材料的性能影响也很大。同样的结晶度,如果晶相是由很大的球晶组成,则材料表现出低强度、高脆性倾向。如果晶相是由很多的

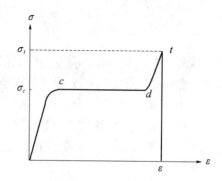

图 8-8　结晶型聚合物的应力—应变曲线

微晶组成,则材料的性能有相反的特征。此外,聚合物分子链间的化学交联对材料的力学性能也有很大的影响。归纳各种不同类聚合物的应力—应变线,主要有 5 种类型,如图 8-9 所示。应力—应变实验所得的数据也与温度、湿度、拉伸速度有关,因此,应规定一定的测试条件。

本实验采用微电子拉力机测定 PET 薄膜的拉伸强度和断裂伸长率。

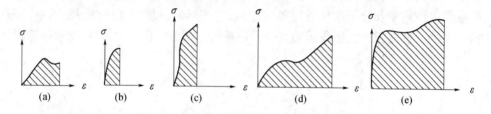

图 8-9　五种类型聚合物的应力—应变曲线

(a) 软而弱;(b) 硬而脆;(c) 硬而强;(d) 软而韧;(e) 硬而韧。

[实验条件]

　　实验材料:PET 薄膜;

　　实验仪器:采用 RGT-10 型微电子拉力机,最大测量负荷 10kN,速度 0.011~500mm/min,试验类型有拉伸、压缩、弯曲等。

[操作步骤]

　　(1) 材料准备。拉伸实验中所用的试样依据不同材料可按国家标准 GB 1040—70 加工成不同形状和尺寸。每组试样应不少于 5 个。

　　实验前,需对试样的外观进行检查,试样应表面平整,无气泡、裂纹、分层和机械损伤等缺陷。此外,为了减小环境对试样性能的影响,应在测试前将试样在测试环境中放置一定时间,使试样与测试环境达到平衡。一般试样越厚,放置时间应越长,具体按国家标准规定。

　　取合格的试样进行编号,在试样中部量出 10cm 为有效段,做好记号。在有效段均匀取 3 点,测量试样的宽度和厚度,取算术平均值。对于压制、压注、层压板及其他板材测量精确到 0.05mm;软片测量精确到 0.01mm;薄膜测量精确到

0.001mm。

（2）接通试验机电源，预热 15min。

（3）打开计算机，进入应用程序。

（4）选择实验方式（拉伸方式），将相应的参数按对话框要求输入，注意拉伸速度（拉伸速度应为使试样能在 0.5～5min 实验时间内断裂的最低速度。本实验采用 100mm/mm 的速度）。

（5）按上、下键将上、下夹具的距离调整到 10cm。并调整自动定位螺丝。将距离固定。记录试样的初始标线间的有效距离。

（6）将样品在上、下夹具上夹牢。夹试样时，应使试样的中心线与上、下夹具中心线一致。

（7）在计算机的本程序界面上将载荷和位移同时清零后，按"开始"按钮，此时计算机自动画出载荷—变形曲线。

（8）试样断裂时，拉伸自动停止。记录试样断裂时标线间的有效距离。

（9）重复（3）～（7）操作。测量下一个试样。

（10）测量实验结束，由"文件"菜单下单击"输出报告"，在出现的对话框中选择"输出到 EXCEL"。然后保存该报告。

[数据处理]

（1）断裂强度 σ_t 的计算：

$$\sigma_t = [P/(bd)] \times 10^4 (\text{Pa}) \qquad (8-12)$$

式中：P 为最大载荷（由打印报告读出），N；b 为试样宽度，cm；d 为试样厚度，cm。

（2）断裂伸长率 ε_t 计算：

$$\varepsilon_t = [(L - L_0)/L_0] \times 100\% \qquad (8-13)$$

式中：L_0 为试样初始标线间有效距离；L 为试样断裂时标线间有效距离。

把测定值列入下表，计算，算出平均值，并和计算机计算的结果进行比较。

编号	d/cm	b/cm	bd/cm²	P/N	L_0/cm	L/cm	σ_t/Pa	ε_t
1								
2								
3								
4								
5								

[注意事项]

（1）试样类型、实验速度均应按规定选取，每组试样至少取 5 个。

（2）试样表面应平整，无气泡、分层、明显杂质和加工损伤等缺陷。

165

（3）电子拉力实验机应按其相应规定进行操作。

（4）本实验操作参考百度文库中相关资料。

[思考题]

（1）如何根据聚合物材料的应力—应变曲线来判断材料的性能？

（2）在拉伸实验中，如何测定模量？

实验 8.5　膨胀计测定聚合物玻璃化温度

[实验目的]

（1）掌握用膨胀计测定 T_g 的方法；

（2）了解升温速率对 T_g 的影响。

[基本原理]

玻璃化转变的实质是非晶态高聚物（包括结晶高聚物中的非晶相）链段运动被冻结的结果。因此，当高聚物发生玻璃化转变时，其物理和力学性能必然有急剧的变化，如形变、模量、比容、比热、热膨胀系数、导热系数、折光指数、介电常数等都表现出突变或不连续的变化。

根据这些性能的变化，不仅可以测定高聚物的玻璃化温度，而且有助于理解玻璃化转变的实质。其中以高聚物的比容在玻璃化温度时的变化具有特别的重要性。如图 8 - 10 所示为晶态聚乙酸乙烯酯的比容—温度曲线。

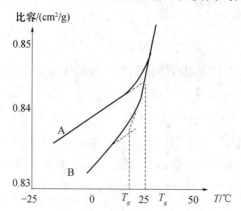

图 8 - 10　聚醋酸乙烯酯的比容—温度曲线

A—冷却较快；B—冷却较慢。

曲线的斜率 dv/dT 是体积膨胀率。曲线斜率发生转折所对应的温度就是玻璃化温度 T_g，有时实验数据不产生尖锐的转折，通常是将两根直线延长，取其交点所对应的温度作为 T_g。

实验证明，T_g 具有速率依赖性，测试时冷却或升温速率越快，则所测得的 T_g 越高。这表明玻璃化转变是一种松弛过程。由 $\tau = \tau_0 e^{\Delta H/RT}$ 可知，链段的松弛时间与

166

温度成反比,即温度越高,松弛时间越短,在某一温度下,高聚物的体积具有一个平衡值,即平衡体积。当冷却到另一温度时,体积将作相应的收缩(体积松弛),这种收缩显然要通过分子构象的调整来实现。因此需要时间,显然温度越低,体积收缩速率越小。

在高于 T_g 的温度上,体积收缩速率大于冷却速率,在每一温度下,高聚物的体积都可以达到平衡值。当高聚物冷却到某一温度时,体积收缩速率和冷却速率相当。继续冷却,体积收缩速率已跟不上冷却速率,此时试样的体积大于该温度下的平衡体积值。

因此,在比容温度曲线上将出现转折,转折点所对应温度即为这个冷却速率下的 T_g。显然冷却速率越快,要求体积收缩速率也越快(即链段运动的松弛时间越短),因此,测得 T_g 越高,另一方面,如冷却速率慢到高聚物试样能建立平衡体积,则比容—温度曲线上不出现转折,即不出现玻璃化转变。

除了外界条件以外,显然 T_g 值还受到聚合物本身的化学结构影响,同时也受到其他结构因素的影响,例如共聚、交联、增塑以及分子量等。

本实验采用膨胀计测定聚苯乙烯的玻璃化温度。

[实验条件]

实验药品:聚苯乙烯,乙二醇;

实验仪器:膨胀计,调温电热套,水浴装置,温度计,秒表。

[操作步骤]

(1)清洗膨胀计,烘干。装入聚苯乙烯颗粒至膨胀管 的 4/5 体积。

(2)在膨胀管内中加入乙二醇作指示液,用玻璃棒搅动(或抽气),使瓶内无气泡。

(3)再加入乙二醇至膨胀管口,插入毛细管,使乙二醇的液面在毛细管下部,磨口接头用弹簧固定(如果发现管内留有气泡必须重装)。

(4)将装好的膨胀计浸入水浴中,控制水浴升温速度为 1℃/min。

(5)读取水浴温度和毛细管内乙二醇液面的高度(每升高 5℃ 读一次,在 55~80℃ 之间每升高 2℃ 或 1℃ 读一次),直到 90℃ 为止。

(6)将已装好样品的膨胀计经充分冷却后,再在升温速度为 2℃/min 的加热水浴中读取温度和毛细管内液面高度。

(7)作毛细管内液面高度对温度的图。

[数据处理]

样品名称:

温度/℃					
毛细管液面高度					

以毛细管液面高度对温度作图,求出不同升温速率下的 T_g。

[思考题]

（1）用自由体积理论解释玻璃化转变过程。

（2）升温速率对 T_g 有何影响？为什么？

（3）玻璃化温度是不是热力学转变温度？为什么？

实验 8.6　显微熔点测定仪测聚合物熔点

[实验目的]

（1）了解显微熔点测定仪的工作原理；

（2）掌握显微熔点测定仪的使用方法；

（3）观察聚合物熔融的全过程。

[基本原理]

物质的内在结构由晶态变为"液态"的过程被称为熔融。对应于熔融的温度为熔点，记为 T_m。与低分子物质不同，高分子聚合物的熔融不是发生在 $0.2 \sim 1℃$ 左右的狭窄温度范围内，而是在一个较宽的温度范围，如 $10℃$ 左右。高分子聚合物的这种熔融温度范围称为熔限或熔程。聚合物的熔融温度和它的流动性密切相关，通过熔融温度可以了解聚合物在成型加工中形态的变化规律，研究聚合物流体在外场作用下的流动行为。

显微熔点测定仪广泛应用于医药、化工、纺织、橡胶等方面的生产化验、检验，也广泛应用于高等院校、科研院所等单位对单晶或共晶等有机物质的分析、工程材料和固体物理的研究、观察物体在加热状态下的形变、色变及物体的三态转化等物理变化的过程。

显微熔点测定仪的结构如图 8-11 所示，其光学系统由成像系统和照明系统两部分组成，成像系统由目镜、棱镜和物镜等组成；照明系统由加热台小孔和反光镜等组成。其光学原理是利用反光镜元件引进光源，照亮被测物体，经过显微物镜放大，在目镜线视场里可以清晰地看到从固态→液态熔融时的全过程。利用偏光元件可以观察各晶体物质的熔融状况。此外，热台组光学元件主要功能是隔绝外界干涉，尽可能防止热台腔内散热及存放被测物质。因此，要测物质的温度时，只

图 8-11　显微熔点测定仪

要将聚合物试样置于热台表面中心位置,盖上隔热玻璃,形成隔热封闭腔体,热台可按一定速度升温,当温度达到聚合物熔点时,可在显微镜下清晰地看到聚合物试样的某一部分的透明度明显增加并逐渐扩展到整个试样。热台温度用玻璃水银温度计显示。在样品熔化完瞬间,立即在温度计上读出此时的温度,即为该样品的熔点。

本实验采用显微熔点测定仪测试聚乙烯和聚丙烯的熔点。

[实验条件]

实验药品:聚乙烯,聚丙烯;

实验仪器:显微熔点测定仪,单面刀片,载玻片,盖玻片。

[操作步骤]

(1)插上电源,将控温旋钮全部置于零位。

(2)仪器使用前必须将热台预热除去潮气(将控温旋钮调置100V处,观察温度计至120℃),潮气基本消除后将控温旋钮调至零位。再将金属散热片置于热台中,使温度迅速下降到100℃以下。

(3)取一片干净载玻片置于实验台台面上,用单面刀片从试样粒料上切下均匀的一小薄片试样放在载玻片上,盖上盖玻片,用镊子将被测试样置于热台的中央,最后将隔热玻璃盖在加热台的上台肩面上。

(4)旋转显微镜手轮,使被测样品位于目镜视场中央,以获得清晰图像。

(5)将控温旋钮旋到50V处,由微调控温旋钮控制升温速度为2~3℃/min,在距熔点10℃时,由微调控温旋钮控制升温速度在1℃/min以内,同时开始记录时间和温度,2min记录一次。

(6)当在显微镜中观察到试样某处透明度明显增加时,聚合物即开始熔融,记录此时的温度,并观察聚合物的熔融过程。当透明部分扩展到整个试样时,熔融过程即结束,记录此时的温度,即为聚合物的熔点。

(7)将金属散热片置于热台上,使热台温度迅速下降,当温度降到离高聚物熔点30~40℃时,即可进行下次测量,重复测定3次。

(8)测定完毕,将控温旋钮与微调控温旋钮调至零位,再将物镜调起一定高度,拔下电源。

[数据处理]

时间					开始熔融	熔融结束
温度/℃						
时间					开始熔融	熔融结束
温度/℃						
时间					开始熔融	熔融结束
温度/℃						
熔限/℃				熔点/℃		

　　（1）从开始熔融时的温度到熔点之间的温度段即为熔限。

　　（2）实验过程中需用镊子夹取隔热玻璃和载玻片，以防烫伤。

　　（3）样品切片应在载玻片上进行，不得在隔热玻璃上切割样品。

　　（4）实验结束后需待热台完全冷却后，方可盖上仪器罩。

[思考题]
　　（1）聚合物熔融时为什么有一个较宽的熔融温度范围？

　　（2）列举一些其他测定聚合物熔点的方法，并简述测量原理。

　　（3）为什么测熔点过程中不同的阶段要进行升温速度的调节？

　　（4）待测样品为什么要进行干燥处理？

实验 8.7　聚合物的热分析——差示扫描量热法

[实验目的]
　　（1）了解差示扫描量热法的基本原理及应用范围；

　　（2）掌握测定聚合物熔点、结晶度、结晶温度及其热效应的方法。

[基本原理]
　　差热分析（Differential Thermal Analysis, DTA）是一种重要的热分析技术，是指在程序控温下，待测样品和参比物经历同样的热过程，由于待测样品和参照样品相变性质和比热不同，经历同样的热过程后所达到的温度不同。DTA 仪器会记录下过程中待测样品和参照样品之间的温度差，然后可以作出温差—时间或温差—温度曲线。曲线上的峰值可以给出关于相变和玻璃化转变温度的信息。DTA 峰下面的面积给出了相变热的值。

　　DTA 广泛应用于测定物质在热反应时的特征温度及吸收或放出的热量，包括物质相变、分解、化合、凝固、脱水、蒸发等物理或化学反应。差热分析操作简单，但在实际工作中往往发现同一试样在不同仪器上测量，或不同的人在同一仪器上测量，所得到的差热曲线结果有差异，峰的最高温度、形状、面积和峰值大小都会发生一定变化。其主要原因是因为热量与许多因素有关，传热情况比较复杂所造成的。

　　为了克服 DTA 在定量测量方面的不足，20 世纪 60 年代，人们提出了差示扫描量热法（Differential Scanning Calorimetry, DSC）。差示扫描量热法的基本原理是当样品发生相变、玻璃化转变和化学反应时，会吸收和释放热量，补偿器就可以测量出如何增加或减少热流才能保持样品和参照物温度一致。DSC 的特点是使用温度范围比较宽，分辨能力和灵敏度高，根据测量方法的不同，可分为功率补偿型 DSC 和热流型 DSC。

　　由于具有以上优点，DSC 在聚合物领域获得了广泛应用，大部分 DAT 应用领域都可以采用 DSC 进行测量,灵敏度和精确度更高,试样用量更少。由于其在定量上的方便更适于测量结晶度、结晶动力学以及聚合、固化、交联氧化、分解等反应的反应热及研究其反应动力学。

DSC 与 DTA 的不同之处在于测量池底部装有功率补偿器和功率放大器。因此在示差温度回路里,显示出 DSC 和 DTA 截然不同的特征,两个测量池上的铂电阻温度计除了供给上述的平均温度信号外,还交替地提供试样池和参比池的温度差值 ΔT。当试样产生放热反应时,试样池温度高于参比池,产生温差电势,经差热放大器放大后送入功率补偿放大器。

在补偿功率作用下,补偿热量随试样热量变化,即表征试样产生的热效应。因此实验中补偿功率随时间(温度)的变化也就反映了试样放热速度(或吸热速度)随时间(温度)的变化,这就是 DSC 曲线。它与 DTA 曲线基本相似,但其纵坐标表示试样产生热效应的速度(热流率),单位为 mcal/s,横坐标是时间或温度,即 $dH/dt - t$(时间或温度 T)曲线(图 8-12)。同样规定吸热峰向下,放热峰向上,对曲线峰经积分,可得试样产生的热量 ΔH。

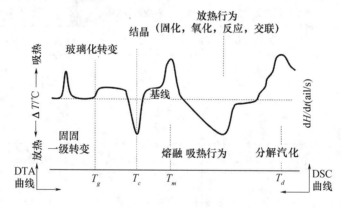

图 8-12　$dH/dt - t$(时间或温度 T)曲线

1. DSC 与 DTA 的差别

DSC 与 DTA 相比,虽然曲线相似,但表征有所不同。DTA 测定的是试样与参比物的温度差,而 DSC 测定的是功率差 ΔH_c,功率差直接反映了热量差 ΔH_c,这是 DSC 进行定量测试的基础。

在 DTA 方法中,当试样产生热效应时,$\Delta T \neq 0$,此时样品的实际温度已不是程序升温所控制的温度,这就产生了样品和基准物温度的不一致。由于样品池与参比池在一起,物质之间只要存在温度差,二差之间就会有热传递,因此给定量带来困难,在 DSC 方法中,样品的热量变化由于随时得到补偿。样品与参比物无温差,$\Delta T = 0$,二物质间无热传递。因此在 DSC 测试中不管样品有无效应,它都能按程序控制进行升、降温。

而最重要的是在 DTA 中仪器常数 K(主要表征的是热传导率)是温度的函数,

即仪器的量热灵敏度随温度的升高而降低,所以它在整个温度范围内是变量,需经多点标定;而 DSC 中 K 值与温度无关,是单点标定。

2. DSC 曲线的标定

DSC 与 DTA 一样,同样需要对温度进行标定,由于 DSC 求测的是样品产生的热效应与温度的关系,因此仪器温度示值的标准性非常重要。

当然仪器在出厂之时进行过校正。但在使用过程中仪器的各个方面会发生一些变化,使温度的示值出现误差。为提高数据的可靠性,需要经常对仪器的温度进行标定,标定的方法是采用国际热分析协会规定的已知熔点的标准物质(表 8 - 1)。99.999% 的高纯铟、高纯锡、高纯铅在整个工作温度范围内进行仪器标定,具体方法是将几种标准物分别在 DSC 仪上进行扫描。如果某物质的 DSC 曲线上的熔点与标准不相符,说明仪器温度示值在该温区出现误差。此时需调试仪器该温区温度,使记录值等于或近似于标准值(仪器调试方法见仪器说明书)。

表 8 - 1 标准物质的转变温度及热量

物质名称	转变类型	转变温度/℃	热量/(cal/g)
KNO_3	多晶转变	127.7	12.8
In	熔融	156.6	6.8
Sn	熔融	231.9	14.6
$KClO_4$	分解	299.5	26.5
Ag_2SO_4	多晶转变	412	—
Pb	熔融	327.4	5.5
Zn	熔融	419.5	24.4
$AgNO_3$	多晶转变	160	—
	熔融	212	—
SiO	脱水	400	210
SiO_2	多晶转变	573	4.83
NaCl	熔融	804	117

3. 影响 DSC 曲线的因素

DSC 的原理及操作都比较简单,但要获得精确结果必须考虑诸多的影响因素,主要包括样品因素、实验条件和仪器因素 3 个方面,如表 8 - 2 所列。

表 8-2　影响 DSC 曲线的因素

因素	影响
样品	① 试样粒度对表面反应或受扩散控制反应影响较大,粒度减小,峰温下降。 ② 参比物的导热系数也受到粒度、密度、比热容、填装方法等影响,还要考虑气体和水分的吸附,制样过程中进行粉碎可能改变样品结晶度等。 ③ 试样的装填方式影响到传热情况,装填是否紧密又和力度有关。测试玻璃化转变和相转变时,最好采用薄膜或细粉状试样,并使试样铺满坩埚底部,加盖压紧,尽可能平整,保证接触良好。放置坩埚的操作及位置也会有影响,每次应统一
实验条件	① 一般试样量小,曲线出峰明显、分辨率高,基线漂移小;试样量大,峰大而宽,相邻峰可能重叠,峰温升高。测 T_g 时,热容变化小,试样量要适当多一些。试样的量和参比物的量要匹配,以免两者热容相差太大引起基线漂移。 ② 升温速率提高时峰温上升,峰面积与峰高也有一定上升,对于高分子转变的松弛过程(如玻璃化转变),升温速率的影响更大。升温速率太慢,转变不明显,甚至观察不到;升温速率太快,转变明显,但测得 T_g 偏高。升温速率对 T_m 影响不大,但有些聚合物在升温过程中会发生重组、晶体完善化,使 T_m 和 X_c 都提高。升温速率对峰的形状也有影响,升温速率慢,峰尖锐,分辨率高;升温速率快,基线漂移大。 ③ 炉内气氛则对有化学反应的过程产生较大的影响。对玻璃化转变和相转变测定,气氛影响不大
仪器	① 加热方式及炉子的形状会影响到向样品中传热的方式、炉温均匀性及热惯性的不同。 ② 样品支架也对热传递及温度分布有重要影响。 ③ 测温位置、热电偶类型及与样品坩埚接触方式都会对温度坐标产生影响。 ④ 仪器因素一般是不变的,可以通过温度标定检定参样对仪器进行检定

[实验条件]

实验药品:样品 PET(聚对苯二甲酸乙二醇酯);

实验仪器:DSC/TGA 同步热分析仪(Q600,美国 TA,见图 8-13)。

图 8-13　DSC/TGA 同步热分析仪(Q600)

[操作步骤]

1. 仪器打开方法及程序的设定

(1)接通电源,开启仪器后部开关和计算机,仪器预热 5min。

(2)单击计算机桌面热重图标,打开程序设计界面。

（3）双击界面，进入 Summary 界面：Mode（模式）设置为标准模式（SDT standard）；Test 检测）设置为常规（Custom）；Sample Name（样品名称）设置时根据自己所要测定的样品命名（注意使用英文）；Pan Type（坩埚类型）下拉菜单一般选择使用 Alumina（氧化铝坩埚）；Data File Name（数据储存的路线和最终样品数据图的命名）；Comments（注释）和 Network Drive（网络驱动）如无特殊情况则不需要填写。

（4）Procedure 界面：Test（检测）设置为常规（Custom）；Notes（注释）如无特殊情况则不需要填写；Name（命名）如无特殊情况则不需要填写；Name 下面的菜单栏是编辑次序所用，单击"编辑"就可以从中选择编辑所需的步骤。

（5）Notes 界面：这个页面只需要单击 Sample 来选择气体，以及 Flow 来控制气体的流量。如有特殊需求，进行其他编辑。

2. 样品检测的步骤

（1）单击仪器屏幕上的 Apply 按键打开炉子，在仪器内侧的天平上放置一干净的空坩埚（用做对照去重）；另一侧，放置样品空坩埚。

（2）再单击 Apply，关闭炉子，进行清零。

（3）等清零数值稳定后再单击 Apply 打开炉子，取出外侧坩埚放入药品。然后将坩埚放入炉子，再单击 Apply 关闭炉仓，单击 Start、"开始"按钮开始实验。

3. 仪器的关闭

（1）实验完毕，根据操作规程关闭实验仪器。

（2）关闭电源，盖上仪器罩。

[数据处理]

（1）温度的确定。DSC 曲线峰温的确定，一般有 3 种：①采用峰顶温度为峰温；②可从峰两侧最大斜度处引切线，相交点对应的温度为峰温；③从峰的前部斜率最大处作切线与基线延长线相交的所谓外推始点的对应温度为峰温。

玻璃化转变是一个自由体积松弛过程，并非热力学的相交，故在升温过程中无热效应产生，只是由于运动单元的变化，使比热发生突变，使 DSC 曲线的基线向下偏移，形成一台阶形，玻璃化转变前的基线沿线与转折沿线的交点温度即为 T_g；或者在基线发生转折之处，即玻璃化转变前后的直线部分取切线，再在转折曲线上取一点，使其平分两切线间距离，此点对应温度为 T_g。

（2）根据 DSC 图测定出熔融温度、结晶温度，计算出结晶度。

[注意事项]

（1）放入药品后轻轻敲击坩埚使内部药品分散均匀。

（2）样品应装填紧密、平整，如在动态气氛中测试，还需加盖铝片。

[思考题]

（1）DSC 测试中影响实验结果的因素有哪些？

（2）DSC 的基本原理使什么？在聚合物研究中有哪些用途？

（3）DSC 实验中如何求得过程中的热效应？

（4）将一块快速冷却得到的低结晶度 PET 样品以较慢升温速度作 DSC 实验直到分解，画出 DSC 谱图，指出求得实验前样品结晶度方法及计算公式。

下篇 设计性与研究性实验

第9章 设计性与研究性实验

学生在基本操作、基本物理常数测定、基本合成与性质实验训练后,已具有有机化学实验、高分子化学及物理实验的基本知识、查阅文献资料的初步技能和合成化合物的能力。在此基础上,安排一定时间开展设计性与研究性实验,进行全面综合的训练,对提高学生独立从事有机与高分子化学实验能力,提高分析和解决问题的能力,学习新方法、接触新领域,扩大知识面等具有重要意义。

设计性与研究性实验是参考给定的实验样例和相关资料,按照实验题目要求,由学生自主设计实验方案、独立操作完成的实验。

本章在简要介绍设计性与研究性实验实施过程的基础上,给出 7 个综合性的设计实验和 8 个不同层次的研究性题目,以供选择。

9.1 设计过程与课程实施

9.1.1 实验选题

选题是科研中首要的问题,选题正确与否决定着实验的成败。设计性与研究性实验是模拟科研的过程。因此,实验选题也应符合科研选题的原则。在选题前必须进行以下几个方面的考虑:研究什么(目标、对象与内容);为什么研究(依据与目的);怎样研究(方法与过程);什么结果(结果与成效);能否完成研究(条件与基础)。

具体而言,实验的选题要具有科学性、创新性、可行性和实用性,特别是要注意创造性和可行性的辩证统一。

(1) 科学性是指选题应建立在前人的科学理论和实验基础之上,符合科学规律,而不是毫无根据的胡思乱想。

(2) 创新性是指选题具有自己的独到之处,或提出新规律、新见解、新技术、新方法,或是对旧有的规律、技术、方法有所修改、补充。

(3) 可行性是指选题切合研究者的学术水平、技术水平和实验室条件,使实验能够顺利得以实施。

（4）实用性是指选题具有明确的理论意义和实践意义。

选题的过程是一个创造性思维的过程,需要查阅大量的文献资料及实践资料,了解本课题近年来已取得的成果和存在的问题;找出要探索的课题关键所在,提出新的构思或假说,从而确定研究的课题。

对科研而言,最强调的是课题的创新性。但对在校本科学生而言,由于他们与研究生不同,选题能力较弱,加上学校实验教学经费数量、仪器设备种类等各种条件的限制,使得对设计性和研究性实验选题的创新性要求不能太高,其选题范围也不宜太宽。否则,实验准备困难,难以实施,应将重点放在实验设计的科学性、合理性和可行性方面。

作为具体的教学实验,在实施过程中,实验指导教师应提前一段时间(如5周)进行布置,提出要求,可针对一些发展前沿及密切联系生产实际提出一些题目,在一定范围内由学生自选;也可由学生自主提出题目,由教师审核后确定。具体而言,其选题需符合以下要求:

（1）必须是与有机化学、高分子化学及物理教学内容相关的问题。

（2）必须有一定的新意,即不能完全模仿文献中的实验设计方案,需要做一些改进和创新。

（3）选题必须以实验室的实验条件为基础,以实验室所能提供的仪器设备和试剂为前提,否则实验实施会有困难。

9.1.2　文献检索

进行科学研究,调研是开展工作的前提。没有充分调研,研究方向、目标、内容、关键问题都难以确立。而文献检索是调研过程中必不可少的环节。文献检索能够提高研究起点,提供研究思路,节约研究时间,同时又是学术创新的基础,遵循学术规范最基本的要求。

文献是用文字、符号或图形等方式记录人类生产和科学技术活动或知识的一种信息载体,是人类脑力劳动成果的一种表现形式,是人类物质文明和精神文明不断发展的产物。文献由3个基本要素构成:载体(媒介:纸介质、缩微胶片、视听盘带、电子介质等),知识(信息),文字(包括图像、符号等)。

文献检索是指从文献集合中迅速、准确地查找出所需文献或文献中包含的信息内容的过程。根据检索途径的不同一般分为手工检索和计算机检索两类。

手工检索是指用手工方式来查找文献资料,费用较低,但是速度较慢。手工检索包括查阅学校或当地图书馆可提供的文献,利用检索工具书和引文查找法。

通过计算机进行的文献信息检索称为计算机检索。由于计算机检索具有速度快、效率高,数据内容新、范围广、数量大,操作简便,检索时不受国家和地理位置的限制等特点,目前已成为获取信息的主要手段之一。常用的计算机检索工具主要是:图书馆数据库检索系统、光盘检索系统以及因特网文献检索。

在具体的实施过程中,要求学生通过认真、细心地检索文献,掌握选题的背景,设计实验中哪些化合物是已知的,哪些是未知的,研究的方法和动向如何。通过文献检索,做到对研究的对象心中有数,一方面可以帮助其下决心设计合成路线,另一方面可以避免在研究工作中走弯路,借鉴前人的经验进行改良和创新,节省人力、物力,又快又省地达到预期目标。

文献检索要求新颖性、完整性、多样性、经济性和连续性,同时做到以下 3 点:①了解研究的意义和国内外研究现状;②细查文献,详略有致(精读与略读);③统揽全局,明确方向。

9.1.3 实验设计与开题

同样的研究课题,可因研究设计的是否合理,得出质量极为悬殊的结果。因此,要通过设计进行合理的安排,以科学方法论为指导,按照优选法则加以编排,加速研究进程,缩短周期,降低经费支出,提高工作效率。设计要点如下:

(1)提出关键性问题。

在选题阶段,已经明确提出了科学研究的目标。为了达到研究预期的目标,就必须通过科研设计,提出课题关键性问题和创新性要点。

(2)提出解决问题办法。

关键创新要点确定后,要进一步提出解决这些问题的具体办法。现代科学研究方法发展很快,新技术不断涌现。在一定程度上,技术手段、实验方法的先进程度决定科研成果的水平。研究者在力所能及的条件下,应争取选用新的高水平的仪器、试剂和技术方法。要注意的是,新的技术方法往往带有不成熟性,要进行必要的预试验。对探索中出现的失败或意外,要加以分析,找出原因,采取对策,不断调整、改进、完善、修正设计方案。

(3)分解落实设计项目。

针对实验对象,充分考虑实验的影响因素,通过科研设计将整个实验分解为若干设计项目。每个项目应具体化为可量化的数据、可保存的图片、可记录的资料和表格,为科学评价实验因素积累数据。若在科研设计中缺乏有针对性的项目,也未取得有特色的研究结果,在实验总结阶段,就会陷于"无米之炊"的困境,任何"生花妙笔"也无法补救科研设计带来的先天性缺陷。

在具体实施阶段,要求学生在文献检索的基础上,根据实验条件制定合理的实验方案。一个好的实验方案,要综合考虑各方面的因素,做到以下 3 点:①结合自身特点和条件进行创新性设计;②设计要可行,尽可能简单;③考虑实验的成本。

在完成实验设计进行实验前,学生需完成开题报告并进行开题。开题报告是在完成文献综述、假说建立、科研构思、实验设计,并对关键技术路线进行预实验之后,对整个研究方案进行的公开论证,是科学研究的重要步骤之一,也是设计性实验的重要环节。

在设计性实验中,完成开题的方式有两种:一是由学生进行汇报,学生和教师共同把关、公开讨论;二是学生提前将开题报告提交给老师,由老师审阅并提出修改意见和建议,再由学生进行完善。

9.1.4 实验实施与总结

实验是检验实验方案设计正确与否的唯一标准,通过实验达到预期目的,证明实验方案设计合理可行,否则可能是方案不合理或实验技术有问题。进行实验时,要注意使用新技术和新方法。

实验的准备和实施需要做到以下 3 点:①根据实验设计做好必要的仪器和原材料的准备;②根据设计实验方案进行实验;③对实验现象进行详尽的观察、分析,并做好记录。

总结是把研究结果以科学的态度和方法进行再分析研究,经归纳综合最后以文字的形式表达出来,哪些是成功的、创新的,哪些还有问题,为他人也为自己继续研究提供经验。总结与探讨需要做到以下几点:①对数据详尽地观察、分析;②归纳总结使用的方法和研究结果;③对实验结果进行分析与机理探讨;④总结研究的不足之处,撰写论文,准备答辩。

通过分析与总结,优化实验方案,进行进一步的实验。如果有可能的话,可将其推向实际应用。(注意:对于很多研究而言,实验室研究成功只是完成了 1% 的工作,如果要达到实际应用,还需要进行另外 99% 的工作。)

9.2 设计性实验案例

9.2.1 用官能团反应鉴别未知有机化合物

[题目]

设计实验鉴别来自 4 - 甲基 - 1 - 戊醇、4 - 甲基 - 2 - 戊醇、2 - 甲基 - 2 - 戊醇、3,5 - 二甲基苯酚、4 - 甲氧基苯甲酸、3 - 甲氧基苯胺、N - 甲基苯胺和 N,N - 二甲基苯胺中的一种未知物。未知物为 4mL 液体或是 400mg 固体。

[要求]

查阅资料,设计实验方案,实施鉴别未知化合物的实验,完成实验报告。

[提示]

(1) 确定所用仪器和试剂(浓度和溶剂等),预测可能观察到的现象。

(2) 水、氢氧化钠溶液(10%)、碳酸氢钠溶液(10%)和盐酸(10%)能区别醛、酮、醇、酚、羧酸和胺。能溶于水的化合物,都能溶于氢氧化钠溶液、碳酸氢钠溶液和盐酸中。

(3) 高锰酸钾溶液可氧化醇、醛化合物;2,4 - 二硝基苯肼可鉴别醛酮;三氯化铁溶液可鉴别烯醇、酚类化合物；碘试剂可鉴别甲基酮、2-羟基烃等；卢卡斯试剂能区别可溶于水的伯、仲、叔醇；托伦试剂可鉴别醛化合物；兴斯堡试剂可区别伯、仲、叔胺。但这些试剂所用的溶剂必须是纯的，否则可能出现干扰现象。

（4）设计实验时最好设计成一个表格，列出可能的未知化合物、选用的鉴定反应和预期出现的现象。

（5）在用反应速率区别化合物（如卢卡斯反应）时，可用已知结构物进行对照试验。

（6）实验所用仪器必须洁净，使用新配制的试剂且用量要合理；鉴定实验一次完成，否则预期的现象可能不明显或不出现。

［说明］

（1）教师可根据实验室条件和课程要求，改变未知化合物的种类和数量。

（2）配制好可能使用的各种鉴定试剂。

（3）如果需要可向学生提供具体的操作说明等。

［思考题］

总结官能团化合物鉴定的一般方法及实施步骤。

9.2.2　多组分（环己醇，苯酚，苯甲酸）混合物的分离

［题目］

查阅混合物中各组分化合物的物理常数，利用有机物物理和化学性质的差异设计多组分（环己醇，苯酚，苯甲酸）混合物的分离实验。

［要求］

分析各种分离方法的优缺点，结合实验室条件完成 20g 三组分混合物（环己醇，苯酚，苯甲酸）的分离；设计实验方案（包括仪器、试剂、操作步骤、检测方法、可能存在的安全问题及相应的解决策略）并进行实施，完成实验报告。

［提示］

（1）苯酚、苯甲酸与 NaOH 溶液反应生成其对应的钠盐，盐的沸点高。

（2）环己醇的沸点低，可利用蒸馏的方法。

（3）苯酚钠与 CO_2 反应，苯甲酸钠与 CO_2 不反应，苯酚钠和苯甲酸钠溶液通入过量的 CO_2 气体，可产生分层，过滤得到苯酚溶液。

（4）苯甲酸钠和 $NaHCO_3$ 溶液中加入适量盐得到的是苯甲酸和 NaCl 溶液。

（5）苯甲酸和 NaCl 溶液蒸馏即得到苯甲酸。

［说明］

苯酚蒸馏时易被氧化，因此实验步骤设计中不能开始就蒸馏。

［思考题］

总结多组分混合物分离的一般方法及实施步骤。

9.2.3　复方止痛药片成分的分离与鉴定

[题目]

利用第 2 章中的色谱分离技术,设计分离、测定复方阿司匹林(镇痛片)药片的活性组分的实验。

[要求]

查阅资料,设计实验方案,鉴别出活性组分,完成实验报告。

[提示]

测定方法可用薄层色谱法分离、分析法,也可用高效液相色谱法,甚至可分离出纯活性组分后进行测定。下面就薄层色谱法提供一些设计参考。

(1) 非处方止痛药片包括非活性成分(主要是淀粉等辅料)和活性组分(不同止痛药活性组分的种类不同、含量不等)两大成分。

(2) 可利用二氯甲烷与甲醇的混合物(1:1)进行萃取,把药片的活性组分与非活性组分开。

(3) 根据显色方式选择吸附剂硅胶的种类。按相应要求制板,或采用市售商品层析板。

(4) 展开剂可用乙酸乙酯,也可以采用混合展开剂。

(5) 显色可用碘蒸气熏蒸法,也可以在紫外灯下观察斑点。

(6) 要用标样确定各组分的 R_f 值(怎样得到标样)。

(7) 若要分离出各种纯活性组分,制板时吸附剂涂层要厚,点样品成条状。

[说明]

教师可根据当地药店供应止痛药片情况,选用其他止痛药片供学生实验使用。

[思考题]

总结实施设计性实验的体会。

9.2.4　乙酸戊酯的合成条件研究

[题目]

设计不同的实验方案进行乙酸戊酯的合成条件研究,学习确定有机化学反应条件的方法。

[要求]

查阅资料,设计实验方案,确定乙酸戊酯合成最优实验方法,完成实验报告,结合文献总结出酯制备实验的一般操作方法和条件。

[提示]

(1) 酯化反应是可逆平衡反应,反应物酸、醇的结构、配料比、催化剂、温度等都影响平衡、反应速率以及转化率。要得到高收率的酯,需将反应物之一过量或将产物分出反应体系。

（2）可设计 4 个实验,分别选择乙酸与戊醇等量,加浓硫酸催化;乙酸与戊醇等量,不加浓硫酸催化;乙酸过量,加浓硫酸催化;乙酸与戊醇等量,加适量苯,加浓硫酸催化 4 种反应条件。

（3）上述 4 个实验中,前 3 个实验在回流反应装置中完成,后一个实验在回流分水反应装置中完成。

（4）可能用到的药品:冰醋酸,戊醇,浓硫酸,碳酸氢钠溶液（10%）,饱和氯化钠溶液,无水硫酸镁,沸石。

（5）可能用到的仪器:圆底烧瓶,球形冷凝管分水器,蒸馏管,直形冷凝管,接引管,分液漏斗,锥形瓶。

[说明]

（1）注意分析实验中可能存在的安全隐患,提出相应的解决策略。

（2）乙酸戊酯对眼及上呼吸道粘膜有刺激作用,可引起结膜炎、鼻炎、咽喉炎等,重者伴有头痛、嗜睡、胸闷、心悸、食欲不振、恶心、呕吐等症状。皮肤长期接触可致皮炎或湿疹。

（3）浓硫酸要分批加入,并在冷却下充分振摇,以防止异戊醇被氧化。

[思考题]

（1）乙酸戊酯的分离纯化方法有哪些?

（2）实验中是否有必要加入苯? 作用是什么?

9.2.5　导电聚苯胺薄膜制备与性能测试

[题目]

设计实验完成聚苯胺（PAn）薄膜的合成及测试,通过本实验熟练掌握聚苯胺薄膜制备与性能测试常用技术和仪器设备的使用,进一步了解、掌握科学研究的基本思路和基本过程。

[要求]

查阅资料,设计实验方案,实施实验操作,完成实验报告。

[提示]

1. 聚苯胺的结构

1987 年,MacDiarmid A. G. 提出了聚苯胺的苯式（还原单元）—醌式（氧化单元）结构共存模型。随着两种结构单元的含量不同,聚苯胺处于不同程度的氧化还原状态,并可以相互转化。不同氧化还原状态的聚苯胺可通过适当的掺杂方式获得导电聚苯胺。聚苯胺的结构式可用下式表示:

y 值用于表征聚苯胺的氧化还原程度,不同的 y 值对应于不同的结构、组分、颜色及电导率。完全还原型($y=1$)和完全氧化型($y=0$)都为绝缘体。在$0<y<1$的任一状态都能通过质子酸掺杂,从绝缘体变为导体,且当$y=0.5$时,其电导率为最大。y值大小受聚合时氧化剂种类、浓度等条件影响。

2. 聚苯胺的制备方法

聚苯胺的合成方法包括化学氧化聚合法和电化学聚合法。化学氧化聚合是在酸性条件下用氧化剂(如($NH_4)_2S_2O_8$、$K_2Cr_2O_7$等,同时也是催化剂)制得性质基本相同、电导率高、稳定性好的聚苯胺。其合成反应主要受反应介质酸的种类、浓度,氧化剂的种类及浓度,单体浓度,反应温度和反应时间等因素影响。

电化学合成法制备聚苯胺是在含苯胺的电解质溶液中,选择适当电化学条件,使苯胺在阳极上发生氧化聚合反应,生成粘附于电极表面的聚苯胺薄膜或是沉积在电极表面的聚苯胺粉末。电化学合成聚苯胺由电极电位来控制氧化程度,合成的聚苯胺的电导率与电极电位和溶液 pH 值都有关系。目前用于电化学合成聚苯胺的主要方法有:动电位扫描法、恒电流聚合、恒电位法以及脉冲极化法。

本实验可采用循环伏安法制备导电聚苯胺薄膜。在制备过程中,固定其他条件以不同的电压扫描范围分别制备 3 片导电聚苯胺薄膜。然后对制得的每片薄膜进行循环伏安扫描,得出其 $C-V$ 曲线以便进行性能分析。

[说明]

(1)可能用到的药品:苯胺(二次蒸馏过的),浓硫酸(98%),二次蒸馏水,惰性气体。

(2)可能用到的仪器:电化学工作站,三口烧瓶,电极夹,量筒,容量瓶(500mL),大烧杯,镀金电极(4 片)饱和甘汞电极。

(3)PAn 薄膜的制备步骤包括:工作电极的预处理和膜电极的制备。

(4)对每片薄膜进行循环伏安扫描,得出其 $C-V$ 曲线以便进行性能分析。

[注意事项]

(1)学习实验的安全管理规定。

(2)操作设备前应首先了解设备的使用方法及操作流程。

[思考题]

(1)分析讨论各种不同合成方法的优缺点。

(2)根据合成的薄膜的循环伏胺特性,描述其工作机理。

9.2.6 聚丙烯酸类超强吸水剂的制备

[题目]

设计实验完成聚丙烯酸类超强吸水剂的制备,通过本实验学习酯化反应和自由基聚合反应,学习使用红外光谱方法表征产物结构。

[要求]

查阅资料,设计实验方案,实施实验操作,完成实验报告。

[提示]

1. 超强吸水剂简介

超强吸水剂是一种吸水能力特别强的物质,可吸收自身质量的几十倍乃至几千倍的水,吸水后即使加压也不脱水。与之相比,传统的吸水性材料(如医药卫生中使用的脱脂棉、海绵及作为吸湿干燥用的硅胶、活性炭等),吸水能力较小,只能吸收自身质量的几倍至 20 倍的水,尤其保水能力更差,稍加压就失水。

超强吸水剂之所以吸水,在于它的分子链上存在大量亲水基团(如羧基、羟基、酰胺基、氨基、羧酸盐等)。当这些分子在交联剂的存在下进行适度交联即可能形成高吸水性高分子化合物。从结构上看,超强吸水剂是具有带亲水基团的低交联度的三维空间网络结构。超强吸水剂主要为功能高分子材料,不仅具有独特的吸水能力和保水能力,同时又具备高分子材料的许多优点,有良好的加工性和使用性能,被广泛用于医疗卫生、建筑、植树造林、日用化妆品等方面。

按原料来源分类,超强吸水剂包括淀粉系、纤维素系和合成聚合物系(包括聚丙烯酸系、聚乙烯醇系、聚氧乙撑系等)。丙烯酸 – 聚乙二醇二丙烯酸酯共聚物属于合成聚合物系聚丙烯酸类吸水剂。制备此类吸水剂所使用的原料有单体、交联剂、引发剂,以及碱、分散介质或溶剂。

2. 合成方法

本实验以丙烯酸、聚乙二醇为主要原料首先制备聚乙二醇二丙烯酸酯,然后以它作为交联剂与丙烯酸共聚制备聚丙烯酸类超强吸水剂。

3. 性能测试

超强吸水剂的基本用途是对水溶液进行吸收,吸收性能的大小是衡量是否为超强吸水剂的最根本标志。本实验主要进行吸收能力的测试,测定吸收去离子水的吸收倍率。

[说明]

(1) 可能用到的仪器:减压蒸馏装置,油泵,恒温水浴,电磁搅拌器,电热套,循环水式真空泵,旋转蒸发器,分水器,注射器。

(2) 可能用到的试剂:丙烯酸,聚乙二醇(分子量 400),对甲苯磺酸,氯化铜,氢醌,苯,氯化钠,氢氧化钠,无水硫酸镁,过硫酸铵,亚硫酸氢钠。

(3) 实验可分两步完成:交联剂(聚乙二醇二丙烯酸酯)的合成,超强吸水剂的制备。

[思考题]

(1) 超强吸水剂与一般吸水物质有何区别?

(2) 超强吸水剂有何用途?

(3) 中和度的大小、交联剂及引发剂的用量对反应产品的性能有何影响?

9.3 备选研究性题目

以下列出了8个在各类有机化学实验、高分子化学及物理实验教材中常用的研究性实验题目以供选择,具体的实验设计及操作要点可查阅相关参考教材,或在互联网上查阅有关资料。

(1)表面活性剂的设计与合成;

(2)青蒿素的提取与分离;

(3)天然抗氧化剂的研制;

(4)天然产物有效成分的微型化提取分离;

(5)咪唑类化合物的合成;

(6)从银杏叶中提取黄酮类化合物的微型化实验;

(7)D-(-)-麻黄碱和 L-(+)-假麻黄碱的拆分;

(8)非那西汀(phenacetin)的合成。

附 录

附录1 元素周期表

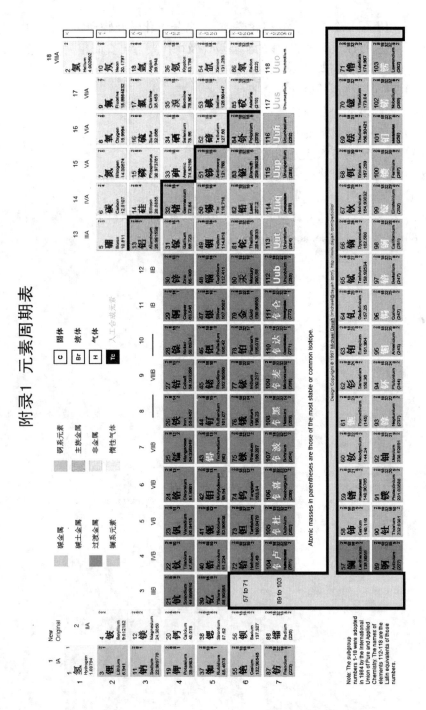

附录 2 常用有机溶剂的物理常数

符号含义：m. p.：熔点；b. p.：沸点；d_4^{20}：相对密度；n_D^{20}：折射率；ε：介电常数；μ：偶极矩。

溶剂	英文名称	m. p.	b. p.	d_4^{20}	n_D^{20}	ε	μ
乙酸	Acetic acid	17	118	1.049	1.3716	6.15	1.68
丙酮	Acetone	−95	56	0.788	1.3587	20.7	2.85
乙腈	Acetonitrile	−44	82	0.782	1.3441	37.5	3.45
苯甲醚	Anisole	−3	154	0.994	1.5170	4.33	1.38
苯	Benzene	5	80	0.879	1.5011	2.27	0.00
溴苯	Bromobenzene	−31	156	1.495	1.5580	5.17	1.55
二硫化碳	Carbon disulfide	−112	46	1.274	1.6295	2.6	0.00
四氯化碳	Carbon tetrachloride	−23	77	1.594	1.4601	2.24	0.00
氯苯	Chlorobenzene	−46	132	1.106	1.5248	5.62	1.54
氯仿	Chloroform	−64	61	1.489	1.4458	4.81	1.15
环己烷	Cyclohexane	6	81	0.778	1.4262	2.02	0.00
丁醚	Dibutyl ether	−98	142	0.769	1.3992	3.1	1.18
邻二氯苯	o - Dichlorobenzene	−17	181	1.306	1.5514	9.93	2.27
二氯乙烷	Dichloromethane	−95	40	1.326	1.4241	8.93	1.55
二乙胺	Diethylamine	−50	56	0.707	1.3864	3.6	0.92
乙醚	Diethyl ether	−117	35	0.713	1.3524	4.33	1.30
二甲基亚砜	Dimethyl sulfoxide	19	189	1.096	1.4783	46.7	3.90
乙醇	Ethanol	−114	78	0.789	1.3614	24.5	1.69
乙酸乙酯	Ethyl acetate	−84	77	0.901	1.3724	6.02	1.88
苯甲酸乙酯	Ethyl benzoate	−35	213	1.050	1.5052	6.02	2.00
甲酰胺	Formamide	3	211	1.133	1.4475	111.0	3.37
异丙醇	Isopropyl alcohol	−90	82	0.786	1.3772	17.9	1.66
甲醇	Methanol	−98	65	0.791	1.3284	32.7	1.70
硝基苯	Nitrobenzene	6	211	1.204	1.5562	34.82	4.02
硝基甲烷	Nitromethane	−28	101	1.137	1.3817	35.87	3.54
吡啶	Pyridine	−42	115	0.983	1.5102	12.4	2.37
叔丁醇	tert - butyl alcohol	25.5	82.5	—	1.3878	—	—
四氢呋喃	Tetrahydrofuran	−109	66	0.888	1.4072	7.58	1.75
甲苯	Toluene	−95	111	0.867	1.4969	2.38	0.43
三乙胺	Triethylamine	−115	90	0.726	1.4010	2.42	0.87

附录3 常用酸碱的浓度

试剂名称	密度 g/mL	质量分数 %	物质的量浓度 mol/L	试剂名称	密度 g/mL	质量分数 %	物质的量浓度 mol/L
浓硫酸	1.84	98	18	浓氢氟酸	1.13	40	23
稀硫酸	1.1	9	2	氢溴酸	1.38	40	7
浓盐酸	1.19	38	12	氢碘酸	1.7	57	7.5
稀盐酸	1.0	7	2	冰醋酸	1.05	99	17.5
浓硝酸	1.4	68	16	稀醋酸	1.04	30	5
稀硝酸	1.2	32	6	稀醋酸	1.0	12	2
稀硝酸	1.1	12	2	浓氢氧化钠	1.44	~41	~14.4
浓磷酸	1.7	85	14.7	稀氢氧化钠	1.1	8	2
稀磷酸	1.05	9	1	浓氨水	0.91	~28	14.8
浓高氯酸	1.67	70	11.6	稀氨水	1.0	3.5	2
稀高氯酸	1.12	19	2	—	—	—	—

附录4 常用酸和碱溶液的相对密度和质量分数

（一）盐酸

质量分数 /%	相对密度 d_4^{20}	100mL 水溶液中 HCl 的含量/g	质量分数/%	相对密度 d_4^{20}	100mL 水溶液中 HCl 的含量/g
1	1.0032	1.003	22	1.1083	24.38
2	1.0082	2.006	24	1.1187	26.85
4	1.0181	4.007	26	1.1290	29.35
6	1.0279	6.167	28	1.1392	31.90
8	1.0376	8.301	30	1.1492	34.38
10	1.0474	10.47	32	1.1593	37.10
12	1.0574	12.69	34	1.1691	39.75
14	1.0675	14.95	36	1.1789	42.44
16	1.0776	17.24	38	1.1885	45.16
18	1.0878	19.58	40	1.1980	47.92
20	1.0980	21.96	—	—	—

（二）硫酸

质量分数 /%	相对密度 d_4^{20}	100mL 水溶液中 H_2SO_4 的含量/g	质量分数 /%	相对密度 d_4^{20}	100mL 水溶液中 H_2SO_4 的含量/g
1	1.0051	1.005	65	1.5533	101.0
2	1.0118	2.024	70	1.6105	112.7
3	1.0184	3.055	75	1.6692	125.2
4	1.0250	4.100	80	1.7272	138.2
5	1.0317	5.159	85	1.7786	151.2
10	1.0661	10.66	90	1.8144	163.3
15	1.1020	16.53	91	1.8195	165.6
20	1.1394	22.79	92	1.8240	167.8
25	1.1783	29.46	93	1.8279	170.0
30	1.2185	36.56	94	1.8312	172.1
35	1.2579	44.10	95	1.8337	174.2
40	1.3028	52.11	96	1.8355	176.2
45	1.3476	60.64	97	1.8364	178.1
50	1.3951	69.76	98	1.8361	179.9
55	1.4453	79.49	99	1.8342	181.6
60	1.4983	89.90	100	1.8305	183.1

（三）硝酸

质量分数 /%	相对密度 d_4^{20}	100mL 水溶液中 HNO_3 的含量/g	质量分数 /%	相对密度 d_4^{20}	100mL 水溶液中 HNO_3 的含量/g
1	1.0036	1.004	65	1.3913	90.43
2	1.0091	2.018	70	1.4134	98.94
3	1.0146	3.044	75	1.4337	107.5
4	1.0201	4.080	80	1.4521	116.2
5	1.0256	5.128	85	1.4686	124.8
10	1.0543	10.54	90	1.4826	133.4
15	1.0842	16.26	91	1.4850	135.1
20	1.1150	22.30	92	1.4873	136.8
25	1.1469	28.67	93	1.4892	138.5
30	1.1800	35.40	94	1.4912	140.2
35	1.2140	42.49	95	1.4932	141.9
40	1.2463	49.85	96	1.4952	143.5
45	1.2783	57.52	97	1.4974	145.2
50	1.3100	65.50	98	1.5008	147.1
55	1.3393	73.66	99	1.5056	149.1
60	1.3667	82.00	100	1.5129	151.3

（四）氢氧化钠

质量分数 /%	相对密度 d_4^{20}	100mL 水溶液中 NaOH 的含量/g	质量分数 /%	相对密度 d_4^{20}	100mL 水溶液中 NaOH 的含量/g
1	1.0095	1.010	26	1.2848	33.40
2	1.0207	2.041	28	1.3064	36.58
4	1.0428	4.171	30	1.3279	39.84
6	1.0648	6.389	32	1.3490	43.17
8	1.0869	8.695	34	1.3696	46.57
10	1.1089	11.09	36	1.3900	50.04
12	1.1309	13.57	38	1.4101	53.58
14	1.1530	16.14	40	1.4300	57.20
16	1.1751	18.80	42	1.4494	60.87
18	1.1972	21.55	44	1.4685	64.61
20	1.2191	24.38	46	1.4873	68.42
22	1.2411	27.30	48	1.5065	72.31
24	1.2629	30.31	50	1.5253	76.27

（五）氢氧化钾

质量分数 /%	相对密度 d_4^{20}	100mL 水溶液中 KOH 的含量/g	质量分数 /%	相对密度 d_4^{20}	100mL 水溶液中 KOH 的含量/g
1	1.0083	1.008	28	1.2695	35.55
2	1.0175	2.035	30	1.2905	38.72
4	1.0359	4.144	32	1.3117	41.97
6	1.0554	6.326	34	1.3331	45.33
8	1.0730	8.584	36	1.3549	48.78
10	1.0918	10.92	38	1.3769	52.32
12	1.1108	13.33	40	1.3991	55.96
14	1.1299	15.82	42	1.4215	59.70
16	1.1493	19.70	44	1.4443	63.55
18	1.1688	21.04	46	1.4673	67.50
20	1.1884	23.77	48	1.4907	71.55
22	1.2083	26.58	50	1.5143	75.72
24	1.2285	29.48	52	1.5382	79.99
26	1.2489	32.47	—	—	—

附录5　水的饱和蒸气压

温度 /℃	蒸气压 /mmHg	温度 /℃	蒸气压 /mmHg	温度 /℃	蒸气压 /mmHg	温度 /℃	蒸气压 /mmHg
1	4.926	26	25.21	51	97.20	76	301.4
2	5.294	27	26.74	52	102.1	77	314.1
3	5.685	28	28.35	53	107.2	78	327.3
4	6.101	29	30.04	54	112.5	79	341.0
5	6.543	30	31.82	55	118.0	80	355.1
6	7.013	31	33.70	56	123.8	81	369.7
7	7.513	32	35.66	57	129.8	82	384.9
8	8.045	33	37.73	58	136.1	83	400.6
9	8.609	34	39.90	59	142.6	84	416.8
10	9.209	35	42.18	60	149.4	85	433.6
11	9.844	36	44.56	61	156.4	86	450.9
12	10.52	37	47.07	62	163.8	87	468.7
13	11.23	38	49.69	63	171.4	88	487.1
14	11.99	39	52.44	64	179.3	89	506.1
15	12.79	40	55.32	65	187.5	90	525.76
16	13.63	41	58.34	66	196.1	91	546.05
17	14.53	42	61.50	67	205.0	92	566.99
18	15.48	43	64.80	68	214.2	93	588.60
19	16.48	44	68.26	69	223.7	94	610.90
20	17.54	45	71.88	70	233.7	95	633.90
21	18.65	46	75.65	71	243.9	96	657.62
22	19.83	47	79.60	72	254.6	97	682.07
23	21.07	48	83.71	73	265.7	98	707.27
24	22.38	49	88.02	74	277.2	99	733.24
25	23.76	50	92.51	75	289.1	100	760.00

附录6 常见聚合物的物理常数

聚合物		$M_0/(g/mol)$	$\rho_A/(g/cm^3)$	$\rho_c/(g/cm3)$	T_g/K	T_m/K
聚乙烯		28.1	0.85	1.00	195(150/253)	368/144
聚丙烯		42.1	0.85	0.95	238/299	385/481
聚异丁烯		56.1	0.84	0.94	198/243	275/317
聚1-丁烯		56.1	0.86	0.95	228/249	397/415
聚1,3 丁二烯	全同	54.1	—	0.96	208	398
	间同	54.1	<0.92	0.963	—	428
聚α-甲基苯乙烯		118.2	1.065	—	443/465	—
聚苯乙烯		104.1	1.05	1.13	253/373	498/523
聚4-氯代乙烯		138.6	—	—	383/339	—
聚氯乙烯		62.5	1.385	1.52	247/356	485/583
聚溴乙烯		107.0	—	—	373	—
聚偏二氟乙烯		64.0	1.74	2.00	233/286	410/511
聚偏二氯乙烯		97.0	1.66	1.95	255/288	463/483
聚四氟乙烯		100.0	2.00	2.35	160/400	292/672
聚三氟氯乙烯		116.5	1.92	2.19	318/273	483/533
聚乙烯醇		44.1	1.26	1.35	343/372	505/538
聚乙烯基甲基醚		58.1	<1.03	1.175	242/260	417/423
聚乙烯基乙基醚		72.1	0.94	70.79	231/254	359
聚乙烯基丙基醚		86.1	<0.94	—	—	349
聚乙烯基丁基醚		100.2	<0.927	0.944	220	237
聚乙酸乙烯酯		86.1	1.19	>1.194	301	—
聚丙烯乙烯酯		100.1	1.02	—	283	—
聚2-乙烯基吡啶		105.1	1.25	—	377	483
聚丙烯酸		72.1	—	—	379	—
聚丙烯酸甲酯		86.1	1.22	—	281	—
聚丙烯酸乙酯		100.1	1.12	—	251	—

聚合物		$M_0/(\text{g/mol})$	$\rho_A/(\text{g/cm}^3)$	$\rho_c/(\text{g/cm3})$	T_g/K	T_m/K
聚丙烯酸丙酯		114.1	<1.05	>1.18	229	188/435
聚丙烯酸异丙酯		114.1	—	1.08/1.18	262/284	389/453
聚丙烯酸丁酯		128.2	1.00/1.09	—	221	320
聚丙烯酸异丁酯		128.2	<1.05	1.24	249/256	354
聚甲基丙烯酸甲酯		100.1	1.17	1.23	266/399	433/473
聚丙烯腈		53.1	1.184	1.27/1.54	353/378	591
聚甲基丙烯腈		67.1	1.10	1.34	393	523
聚丙烯酰胺		71.1	1.302	—	438	—
聚1,3丁二烯	顺式	54.1	—	1.01	171	277
	反式	54.1	—	1.02	255/263	421
	混合	54.1	0.892	—	188/215	—
聚1,3戊二烯		68.1	0.89	0.98	213	368
聚2–甲基1,3–丁二烯	顺式	68.1	0.908	1.00	203	287/309
	反式	68.1	0.094	1.05	205/220	347
	混合	68.1	—	—	225	—
聚甲醛		30.0	1.25	1.54	190/243	333/471
聚环氧乙烷		44.1	1.125	1.33	206/246	335/345
聚正丁醚		72.1	0.98	1.18	185/194	308/453
聚乙二醇缩甲醚		74.1	—	1.325	209	328/347
聚氧化丙烯		58.1	1.00	1.14	200/212	333/348
聚氧化3—氯丙烯		92.5	1.37	1.10/1.21	—	390/408
聚硫化丙烯		74.1	<1.10	1.234	—	313/326
聚苯硫醚		108.2	<1.34	1.44	358/423	527/563
聚羟基乙酸		58.0	1.60	1.70	311/368	496/533
聚丁二酸乙二酯		144.1	1.175	1.358	272	379
聚4–氨基丁酸（尼龙4）		85.1	<1.25	1.34/1.37	—	523/538
聚4–氨基乙酸（尼龙6）		113.2	1.084	1.23	323/348	487/506
聚己二酰己二胺（尼龙66）		226.3	1.07	1.24	318/330	523/455

附录7 常见聚合物重复结构单元、熔点与玻璃化转变温度

聚合物	重复结构单元	熔点 T_m/℃	玻璃化转变温度 T_g/℃
聚甲醛	$-O-CH_2-$	182.5	-30.0
聚乙烯	$-CH_2-CH_2-$	140.0 95.0	-125.0 -20.0
聚乙烯基甲醚	$-CH_2CH-$ | OCH_3	150.0	-13.0
聚乙烯基乙醚	$-CH_2CH-$ | OC_2H_5	—	-42.0
聚乙烯醇	$-CH_2CH-$ | OH	258.0	99.0
聚醋酸乙烯酯	$-CH_2CH-$ | $OCOCH_3$	—	30.0
聚氟乙烯	$-CH_2CH-$ | F	200.0	—
聚四氟乙烯	$-CF_2-CF_2-$	327.0	130.0
聚偏二氟乙烯	$-CH_2-CF_2-$	171.0	39.0
聚氯乙烯	$-CH_2CH-$ | Cl	—	78.0-81.0
聚偏二氯乙烯	$-CH_2-CCl_2-$	210.0	-18.0
聚丙烯	$-CH_2CH-$ | CH_3	183.0 130.0	26.0 -35.0
聚丙烯酸	$-CH_2CH-$ | $COOH$	—	106.0
聚乙烯基咔唑	$-CH_2CH-$	—	200.0

附录8 常见聚合物的英文名称与缩写

聚合物	英文	缩写	聚合物	英文	缩写
聚乙烯	polyethylene	PE	聚酰亚胺	polyimide	PI
聚对苯二甲酸乙二酯	poly(ethylene terephthalate)	PET	丙烯腈-丁二烯塑料	acrylonitrile - butadiene plastic	AB
高密度聚乙烯	polyethylene, high density	PE - HD	聚四氟乙烯	poly tetrafluoroethylene	PTFE
聚氯乙烯	poly(vinyl chloride)	PVC	聚酰胺(酰)亚胺	polyamidimide	PAI
低密度聚乙烯	polyethylene, low density	PE - LD	聚己内酯	polycaprolactone	PCL
聚丙烯	polypropylene	PP	聚醚酯	polyetherester	PEEST
聚苯乙烯	polystyrene	PS	聚乙交酯	poly(glycolic acid)	PGA
聚酰胺	polyamide	PA	聚丙烯酸	poly(acrylic acid)	PAA
聚丙烯腈	polyacrylonitrile	PAN	聚酮	polyketone	PK
聚碳酸酯	polycarbonate	PC	聚醚酮	polyetherketone	PEK
聚对苯二甲酸丁二酯	poly(butylene terephthalate)	PBT	聚丙烯酸酯	polyarylate	PAK
聚氨酯	polyurethane	PUR	聚芳酯	polyarylate	PAR
聚甲基丙烯酸甲酯	poly(methyl methacrylate)	PMMA	聚芳酰胺	poly(aryl amide)	PARA
聚乙烯醇	poly(vinyl alcohol)	PVAL	聚丁烯	polybutene	PB
聚偏二氯乙烯	poly(vinylidene chloride)	PVDC	聚丙烯酸丁酯	poly(butyl acrylate)	PBAK
聚偏二氟乙烯	poly(vinylidene fluoride)	PVDF	1,2-聚丁二烯	1,2 - polybutadiene	PBD
聚氟乙烯	poly(vinyl fluoride)	PVF	乙酸丁酸纤维素	cellulose acetate butyrate	CAB
乙酸纤维素	cellulose acetate	CA	聚乳酸	polylactic acid	PLA
聚醚醚酮	polyetheretherketone	PEEK	聚丁二酸丁二醇酯	polybuthylenesuccinate	PBS
酚醛树脂	phenol - formaldehyde resin	PF	聚芳醚酮	polyaryletherketone	PAEK

聚合物	英文	缩写	聚合物	英文	缩写
乙酸丙酸纤维素	cellulose acetate propionate	CAP	呋喃 - 甲醛树脂	furan - formaldehyde resin	FF
甲醛纤维素	cellulose formaldehyde	CEF	聚醚(酰)亚胺	polyetherimide	PEI
甲酚 - 甲醛树脂	cresol - formaldehyde resin	CF	乙烯 - 四氟乙烯塑料	ethylene - tetrafluoroethylene plastic	ETFE
羧甲基纤维素	carboxymethyl cellulose	CMC	乙烯 - 乙酸乙烯酯塑料	ethylene - vinyl acetate plastic	EVAC
硝酸纤维素	cellulose nitrate	CN	聚酯碳酸酯	polyestercarbonate	PEC
环烯烃共聚物	cycloolefin copolymer	COC	乙烯 - 乙烯醇塑料	ethylene - vinyl alcohol plastic	EVOH
丙酸纤维素	cellulose propionate	CP	聚三氟氯乙烯	polychlorotrifluoroethylene	PCTFE
三乙酸纤维素	cellulose triacetate	CTA	氯化聚乙烯	polyethylene, chlorinated	PE - C
乙烯 - 丙烯塑料	ethylene - propylene plastic	E/P	聚萘二甲酸乙二酯	poly(ethylene naphthalate)	PEN
乙烯 - 丙烯酸塑料	ethylene - acrylic acid plastic	EAA	聚氧化乙烯	poly(ethylene oxide)	PEOX
乙烯 - 丙烯酸丁酯塑料	ethylene - butyl acrylate plastic	EBAK	聚酯型聚氨酯	polyesterurethane	PESTUR
乙基纤维素	ethyl cellulose	EC	聚醚砜	polyethersulfone	PESU
乙烯 - 丙烯酸乙酯塑料	ethylene - ethyl acrylate plastic	EEAK	液晶聚合物	liquid - crystal polymer	LCP
乙烯 - 甲基丙烯酸塑料	ethylene - methacrylic acid plastic	EMA	聚乙烯醇缩甲醛	poly(vinyl formal)	PVFM
聚乙烯醇缩丁醛	poly(vinyl butyral)	PVB	聚乙酸乙烯酯	poly(vinyl acetate)	PVAC
甲基纤维素	methyl cellulose	MC	聚异丁烯	polyisobutylene	PIB
三聚氰胺 - 甲醛树脂	melamine - formaldehyde resin	MF	聚苯硫醚	poly(phenylene sulfide)	PPS
三聚氰胺 - 酚醛树脂	melamine - phenol resin	MP	聚苯砜	poly(phenylene sulfone)	PPSU
聚砜	polysulfone	PSU	有机硅塑料	silicone plastic	SI

附录9 常用引发剂的相关数据

引发剂	缩写	分子量	外观	熔点/℃	分解温度/℃	溶解性	毒性
过氧化苯甲酰	BPO	242.22	白色结晶粉末	103－106（分解）	73（0.2M 苯）	溶于乙醚、丙酮、氯仿、苯等	无毒
二叔丁基过氧化物	DTBP	146.22	无色至微黄色透明液体	－40（凝固点）	126（0.2M 苯）	溶于丙酮、甲苯等	无明显毒性
异丙苯过氧化氢	DCP	270.38	无色楞型结晶	39～41	115（0.2M 苯）	溶于苯、异丙苯、乙醚等	毒性低
过氧化月桂酰	LPO	398.61	白色粒状固体	53	62（0.2M 苯）	溶于乙醚、丙酮、氯仿等	无毒
叔丁基过氧化苯甲酸酯	TPB	194.22	无色至微黄色透明液体	8.5（凝固点）	1.04～105（0.2M 苯）	溶于乙醇、乙醚、丙酮、醋酸乙酯等	毒性低
过氧化二碳酸（双－2－苯氧乙基酯）	BPPD	362.1	无色或微黄色结晶粉末	97～100	92～93	溶于二氯甲烷、氯仿等	低毒
过氧化二碳酸二（2－乙基己酯）	EHP	346	无色透明液体	—	—	溶于甲苯、二甲苯、矿物油	—
过硫酸铵	APS	228.19	白色结晶	124	120	溶于水	—
过硫酸钾	KPS	270.32	白色结晶粉末	<100	100℃完全分解	溶于水	无毒
偶氮二异丁腈	ASIBN	164.2	白色结晶粉末	102～104	64	溶于甲醇、乙醇、乙醚、丙酮，石油醚等	有毒
过氧化二碳酸二异丙酯	IPP	206.18	无色液体	8～10	45	溶于脂肪烃、芳香烃、酯、醚和卤代烃等	低毒

附录 10 有毒化学药品的使用知识

1. 高毒性固体

高毒性固体是指很少量就能使人迅速中毒甚至致死的固体,一般用极限安全值(Threshold Limit Value, TLV)表示,即空气中含该有毒物质蒸气或粉尘的浓度。在极限安全值以内,一般人重复接触不致受害。

物质种类	TLV/(mg/m³)	物质种类	TLV/(mg/m³)
三氧化铌	0.002	砷化合物	0.5(按 As 计)
汞化合物,特别是烷基汞	0.01	五氧化二钒	0.5
铊盐	0.1(按 Tl 计)	草酸和草酸盐	1
硒和硒化合物	0.2(按 Se 计)	无机氰化物	5(按 CN 计)

2. 毒性危险气体

实验中可能接触到的毒性危险气体及 TLV 如下。

物质种类	TLV/(μg/g)	物质种类	TLV/(μg/g)
氟	0.1	臭氧	0.1
氟化氢	3	亚硝酰氯	5
光气	0.1	重氮甲烷	0.2
二氧化氮	5	氰	10
磷化氢	0.3	氰化氢	10
三氟化硼	0.3	硫化氢	10
氯	1	一氧化碳	50

3. 毒性危险液体和刺激性物质

长期少量接触可引起慢性中毒,许多物质蒸气对眼睛和呼吸道有强刺激性。

物质种类	TLV/(μg/g)	物质种类	TLV/(μg/g)
羰基镍	0.001	硫酸二甲酯	1
异氰酸甲酯	0.02	硫酸二乙酯	1
二硫化碳	20	四溴乙烷	1
溴	0.1	烯丙醇	2
3-氯丙烯	1	2-丁烯醛	2
苯氯甲烷	1	氢氟酸	3
苯溴甲烷	1	四氯乙烷	5
三氯化硼	1	苯	10
三溴化硼	1	溴甲烷	15

4. 其他有害物质

1）溴代烷和氯代烷以及甲烷和乙烷的多卤衍生物

物质种类	TLV/($\mu g/g$)	物质种类	TLV/($\mu g/g$)
溴仿	0.5	1,2－二溴乙烷	20
碘甲烷	5	1,2－二氯乙烷	50
四氯化碳	10	溴乙烷	200
氯仿	10	二氯甲烷	200

2）芳胺和脂肪族胺类

低级脂肪族胺的蒸气有毒。全部芳胺,包括其烷氧基、卤素、硝基取代物都有毒性。下面是一些代表性例子。

物质种类	TLV	物质种类	TLV/($\mu g/g$)
对苯二胺（及其异构体）	$0.1 mg/m^3$	苯胺	5
甲氧基苯胺	$0.5 mg/m^3$	邻甲苯胺（及其异构体）	5
对硝基苯胺（及其异构体）	$1 \mu g/g$	二甲胺	10
N－甲基苯胺	$2 \mu g/g$	乙胺	10
N,N－二甲基苯胺	$5 \mu g/g$	三乙胺	25

3）酚和芳香族硝基化合物

物质种类	TLV/(mg/m^3)	物质种类	TLV/($\mu g/g$)
苦味酸	0.1	硝基苯	1
二硝基苯酚,二硝基甲苯酚	0.2	苯酚	5
对硝基氯苯（及其异构体）	1	甲苯酚	5
间二硝基苯	1	—	

5. 致癌物质

物质种类	具体例子
芳胺及其衍生物	联苯胺(及某些衍生物)、β－萘胺、二甲氨基偶氮苯、α－萘胺等
N－亚硝基化合物	N－甲基－N－亚硝基苯胺、N－亚硝基二甲胺、N－甲基－N－亚硝基脲、N－亚硝基氢化吡啶等
烷基化剂	双(氯甲基)醚、硫酸二甲酯、氯甲基甲醚、碘甲烷、重氮甲烷、β－羟基丙酸内酯等
稠环芳烃	苯并[a]芘、二苯并[c,g]咔唑、二苯并[a,h]蒽等
含硫化合物	硫代乙酰胺、硫脲等
石棉粉尘	—

6. 具有长期积累效应的毒物

苯、铅化合物(特别是有机铅化合物)、汞和汞化合物(特别是二价汞盐和液态的有机汞化合物)进入人体不易排出,在人体内累积,会引起慢性中毒。

在使用以上各类有毒化学药品时,都应采取妥善的防护措施。避免吸入其蒸气和粉尘。不要使它们接触皮肤。有毒气体和挥发性的有毒液体必须在效率良好的通风橱中操作。

特别注意:汞的表面应该用水掩盖,不可直接暴露在空气中。装盛汞的仪器应放在搪瓷盘上以防溅出的汞流失。溅洒汞的地方迅速撒上硫磺。

参 考 文 献

[1] 高占先. 有机化学实验(第4版)[M]. 北京:高等教育出版社, 2004.

[2] 李霁良. 微型半微型有机化学实验[M]. 北京:高等教育出版社, 2003.

[3] 高占先, 陈宏博, 袁履冰. 有机化学[M]. 北京:高等教育出版社, 2000.

[4] 周旭章, 李德湛, 龙永福, 等. 中级化学实验[M]. 长沙:国防科技大学出版社, 2004.

[5] 罗一鸣, 唐瑞仁. 有机化学实验与指导[M]. 长沙:中南大学出版社, 2005.

[6] 李华民, 蒋福宾, 赵云岑. 基础化学实验操作规范[M]. 北京:北京师范大学出版社, 2010.

[7] 周宁怀, 王德林. 微型有机化学实验[M]. 北京:科学出版社, 2000.

[8] 北京大学化学学院有机化学研究所, 关烨第, 李翠娟, 葛树丰修订. 有机化学实验(第2版)[M]. 北京:北京大学出版社, 2002.

[9] 王玉良, 陈华. 有机化学实验[M]. 北京:化学工业出版社, 2009.

[10] 朱靖, 肖咏梅, 马丽. 有机化学实验[M]. 北京:化学工业出版社, 2011.

[11] 复旦大学高分子科学系. 高分子实验技术[M]. 上海:复旦大学出版社, 1996.

[12] 王国建, 等. 高分子基础实验[M]. 上海:同济大学出版社, 1999.

[13] 韩哲文. 高分子科学实验[M]. 上海:华东理工大学出版社, 2005.

[14] 张兴英, 李齐方. 高分子科学实验(第2版)[M]. 北京:化学工业出版社, 2007.

[15] 殷勤俭, 周歌, 江波. 现代高分子科学实验[M]. 北京:化学工业出版社, 2012.

[16] 张爱清. 高分子科学实验教程[M]. 北京:化学工业出版社, 2011.

[17] 何卫东, 金邦坤, 郭丽萍. 高分子化学实验[M]. 合肥:中国科学技术大学出版社, 2012.

[18] 甘文君, 张书华, 王继虎. 高分子化学实验原理和技术[M]. 上海:上海交通大学出版社, 2012.

[19] 林深, 王世铭. 大学化学实验[M]. 北京:化学工业出版社, 2010.

[20] 赵慧春, 申秀敏, 张永安. 大学基础化学实验[M]. 北京:北京师范大学出版社, 2008.

[21] 刘湘, 刘士荣. 有机化学实验[M]. 北京:化学工业出版社, 2013.

[22] 孟晓荣, 史玲. 有机化学实验[M]. 北京:科学出版社, 2013.

[23] 古凤才, 张文勤, 崔建中, 等. 基础化学实验教程[M]. 北京:科学出版社, 2010.

[24] 云南大学微型半微型有机化学实验精品课程网站. http://wxyihx.col.ynu.edu.cn.

[25] 有机化学实验网络课程. http://www.ce.gxnu.edu.cn/organic/net_course/content1.